Wie wir denken.

DISTANZ

BKW ENGINEERING

Network of Excellence

Wie wir denken.

Dr. Stefan Nixdorf

Vorwort

BKW Engineering geht aus einer über einhundertjährigen Schweizer Ingenieurtradition hervor. Was mit der Planung, dem Bau und Betrieb von Wasserkraftwerken begann, ist heute ein europäisch aufgestelltes Unternehmen. Zusehends verschmilzt darin Ingenieurbaukunst mit Architektur und Design. Interdisziplinäre Grenzen verschwimmen und verschwinden in BKW Engineering zu einem vielfältigen Verständnis von Bauaufgaben und -werken. Es sind Gedanken und Ziele, die bereits der Architekt und Bauhaus-Gründer Walter Gropius unter dem Begriff der „*Total Architecture*" [1] verstand. Also, eine Terminologie und eine umfassende Definition des Planens und Bauens, die konsequent aus dem ganzheitlichen Denkansatz des Bauhauses abgeleitet wurde.

Interessant ist an dieser Stelle nicht nur die Genealogie des Begriffs *Total Architecture*, sondern auch seine Weiterführung z. B. durch den Bauingenieur und Firmengründer der britischen Ingenieurgesellschaft ARUP. Ove Nyquist Arup, Däne und ein Kosmopolit ersten Ranges, sieht sich aus Anlass der weltweiten Expansion seines in Großbritannien gegründeten Ingenieurbüros zu einem reflektierenden Moment des Innehaltens veranlasst. Seine im Sommer 1970 verfasste *Key Speech* setzt die Firmenexpansion explizit in Beziehung zu einer offenen, humanen, nachhaltigen, sprich weiterführenden Interpretation von *Total Architecture*:

> *„Wir streben nach umfassender Qualität und Zweckdienlichkeit, aber auch nach befriedigenden, bedeutungsvollen Formen und rationeller Konstruktion. Dazu kommt natürlich noch Harmonie mit der Umgebung und mit dem Gesamtplan.*
> *Das alles führt uns zum Ideal der ‚**Total Architecture**', ob in Zusammenarbeit mit anderen gleichgesinnten Firmen oder – noch besser – in eigener Regie."* [2]

Angesichts dieser idealisch-visionären Gedanken stellt sich für mich die Frage, wie wir aus unserer heutigen Perspektive die Idee einer *Total Architecture* verstehen, aufnehmen oder gar umsetzen und weiterentwickeln können? Diese Frage bekommt eine noch größere Bedeutung, wenn wir sie mit dem Verweis auf die von BKW Engineering angestrebte Vision und Mission eines *oneBKW* betrachten? Können wir uns die Zusammenarbeit von Architekten und Ingenieuren noch in einem gemeinsamen Haus oder Netzwerk gemäß dem Grundsatz ***alles aus einer Hand*** vorstellen oder kann dies sogar zu nachhaltigen Ergebnissen führen? Gelingt es uns, dieses Versprechen ebenso wie die Aufforderung an unsere Auftraggebenden als ihre Architekten, Ingenieure, Projektmanager und Experten neu zu geben und mit frischer Bedeutung aufzuladen?

Heutzutage befinden wir uns nach dem oft beschworenen *Paradigmenwechsel* [3] in der Epoche der sogenannten *Zweiten Moderne* [4] oder gar *Spätmoderne* [5]. Trieb noch ein ungebrochener Fortschrittsglaube die Väter der *klassischen Moderne*, so durchzog Ove Arup schon ein gelegentlicher philosophischer Zweifel in Anbetracht seines ungebremsten Firmenwachstums. Aber spätestens mit dem Beginn des 21. Jahrhunderts wurde klar, dass wir es, bedingt durch Digitalisierung, Globalisierung und multiple Krisen, mit einer *runaway world* [6] zu tun haben. Demzufolge ist unser Weltbild im 21. Jahrhundert gewissermaßen verrückt, vielleicht sogar in doppeldeutiger Art und Weise? Der Münchner Soziologe Ulrich Beck nannte das, was uns als Zeitgenossen abverlangt wird: „*reflexive Moderne*", denn „*der Modernisierungsprozess wird ‚reflexiv', sich selbst zum Thema und Problem.*" [7]

Eine Konsequenz daraus ist, dass vieles auf eine Neubewertung der Umstände hinausläuft. Darin stecken ein Imperativ, eine Pflicht und ein Zweck, sich den Dingen zu stellen. Mit anderen Worten: Mit Bezug auf BKW Engineering steht am Ende des ersten Quartals des 21. Jahrhunderts eine Neubewertung der Konstellation von Architektur und Ingenieurdesign an. Schon Ove Arup sträubte sich in seiner ***Key Speech*** gegen die Benennung der Vorgehensweise als „Philosophie". Aber er erkannte, dass es um nichts Geringeres als eben um diesen Anspruch geht: ein Denk- und Wertegerüst aufzustellen, das verbindlich das breite Spektrum von technischer Planung bis menschlicher Zusammenarbeit vom Ablauf her inhaltlich wie ökonomisch definiert und festlegt.

Wir als BKW Engineering bekennen uns zu den Fragen und Herausforderungen unserer Zeit mit der notwendigen Aufgeschlossenheit, dem Wissen, der Neugierde und Verantwortung. Wir begreifen unsere Tätigkeiten auf der Basis einer kollaborierenden Netzwerkplanung, die als *Networking Design* von ***Cross Innovation*** geprägt wird und wo wir aus der Kernkompetenz des Integralplaners heraus Architekten und Ingenieure einbinden.

Martin Fecke
CEO Chief Executive Officer
BKW Engineering AG

Berlin / Bern, November 2025

1 Gropius, Walter: Scope of Total Architecture, London 1956; republished by Routledge 2022, https://doi.org/10.4324/9781003252894.
2 Arup, Ove: Die „Key Speech", deutsche Übersetzung Sonderdruck, Ove Arup & Partners, London 1994.
3 Siehe z. B. von Capra, Fritjof: Wendezeit, Bausteine für ein neues Weltbild, Scherz-Verlag, Bern, München, Wien, 1982. „Dieser tiefgreifende Wandel unserer Weltbilder und Wertvorstellungen, der sogenannte Paradigmenwechsel, ist das Thema dieses Buchs." S. IX; Reckwitz, Andreas: Das Ende der Illusionen, Politik, Ökonomie und Kultur in der Spätmoderne, Suhrkamp, Berlin 2019, wo Reckwitz auf S. 243ff. den Begriff Paradigmenwechsel auf den amerikanischen Wirtschaftshistoriker Thomas S. Kuhn aus dem Jahr 1962 zurückführt und seine Signifikanz für die Gegenwart erläutert.
4 Beck, Ulrich: Kinder der Freiheit, Suhrkamp 1997, Frankfurt a. M. „Eine Zweite Moderne entfaltet sich. Diese Wortbildung beinhaltet ein Programm: nicht Post-Moderne, auch nicht das intellektuelle und politische Auf-der-Stelle-Treten der einfachen Modernisierer. Dagegen soll die Vermutung ausgearbeitet werden, dass knapp hinter dem Gejammere über ‚Auflösung' und ‚Ende' eine neue Sicht der Welt, der Moderne entsteht." Beck, Ulrich: Was meint „Zweite Moderne"? In: Blätter für deutsche und internationale Politik, Heft,12/1996, S. 5–14.
5 Siehe z. B. Reckwitz, Andreas; Rosa, Hartmut: Spätmoderne in der Krise: Was leistet die Gesellschaftstheorie? Suhrkamp 2021, Berlin.
6 Giddens, Anthony: Runaway World. How Globalisation is reshaping our Lives, Profile Books 1999.
7 Beck, Ulrich: Risikogesellschaft, Suhrkamp 1986, Frankfurt a. M., S. 26.

„Holz trifft Großstadt", Roots, Hamburg, Assmann Beraten + Planen GmbH, BKW AG / © HGEsch Photography

*„Wir müssen uns nicht neu erfinden.
Wir müssen uns neu verstehen.“*

Pernille Weiss-Ehler
Member of Cabinet, Environment, Water Resilience
and a Competitive Circular Economy auf Visionale 2025,
NEW Bauhaus, Weimar 3. September 2025

Inhalt

1.0 Start- und Standpunkt

„In Architektur spiegeln sich die Ideale, Herausforderungen und Konflikte der Zeit, in der sie entstanden ist. Architektur ist ein umkämpftes Feld, weshalb es viele Definitionen gibt, was ***Architektur*** *ist. […] Sie materialisiert die Beziehungen der Menschen zur Welt; zu anderen Lebewesen, zu Raum und Zeit. Eine Kernaufgabe von Architektur war bislang die Gestaltung des menschlichen Lebensraums. Oder, ganz kurz gesagt: Architektur ist der Versuch, die Erde für den Menschen bewohnbar zu machen.“* (1)

In der vorliegenden Publikation geht es nicht nur um Architecture & Design, sondern auch um Building & Construction, Infrastructure & Environment sowie Consulting & Testing. Es geht um eine Vision und eine Ambition. Sie heißt *Network of Excellence* und ist die Methodenkompetenz *alles aus einer Hand* im Geschäftsmodell von BKW Engineering (BEN).

Es geht auch darum darzulegen, wie sich die aktuellen Zeitumstände in den Bauwerken widerspiegeln, die im Zusammenhang mit BKW Engineering entstehen – von der globalen Ausgangslage in der Bauwirtschaft bis hin zu fachlichen Differenzierungen und regionalen Anforderungen. Damit wird ein systemischer Methodenwechsel zu einer Arbeitsweise wie der Shared Design Economy verbunden sein.

Sie beruht auf der Idee eines *Networking Designs* oder einer kollaborierenden Netzwerkplanung nach dem Prinzip von *Cross Innovation*. In ihr werden Kapazitäten, Kompetenzen und Wissen im Netzwerk in einer Art und Weise miteinander geteilt, dass ein Mehrwert für alle entsteht. Die Ambitionen von BKW Engineering umfassen ein ganzes Spektrum, was den Menschen, seine Umwelt und die gebaute Materie in den Mittelpunkt stellt oder was von diesen Parametern ausgeht.

„Ein möglicher Standpunkt“, Bergstation Scex Rouge, Glacier 3000, Enerpeak AG, © BKW AG

1.1 Was ist die globale Ausgangslage?

Klimawandel im Anthropozän

Noch vor etwa 50 Jahren plagte die Menschheit – und damit ist die hoch entwickelte westliche Welt gemeint – das atomare Wettrüsten der Supermächte USA und UdSSR, Massenarbeitslosigkeit oder Öl- und Finanzkrisen. Mit anderen Worten: Unsere globalen Gegenwartsprobleme wie z. B. der Klimawandel mit seinen ökologisch-ökonomischen Folgen waren noch nicht annähernd im Bewusstsein breiter Bevölkerungsschichten angekommen. Allenfalls die Studie *Grenzen des Wachstums. Bericht des Club of Rome zur Lage der Menschheit* (1972) und der in noch schärferen Tönen abgefasste *Brundtland-Report* (1987) der Weltkommission für Umwelt und Entwicklung der Vereinten Nationen legten unmissverständlich den Fingerzeig auf spezifische und punktuelle Umweltzerstörungen im Hinblick auf Gewässerverschmutzung, Überfischung der Meere oder dem Waldsterben.

Heute hat sich dagegen das Risiko- und Krisenbewusstsein in der Öffentlichkeit fest etabliert und auf einen den gesamten Globus betreffenden Klimawandel ausgeweitet. Daher setzt die BKW AG als Gruppe in ihrer Strategie BKW Solutions 2030 auf die Schwerpunkte Energie, Klima, Menschen und Nachhaltigkeit. Unabhängig davon kommt erschwerend hinzu, dass der Mensch selbst der Verursacher dieser globalen Mesalliance ist. Entsetzt kann man sich nur fragen, wie es dazu kommen konnte:

„In unserem Verhältnis zur Natur zeigt sich die ganze Anmaßung menschlichen Wirtschaftens. Indem der Mensch die natürlichen Systeme seinem Bedarf unterwirft, reduziert er ihre Vielfalt, macht sie verletzlicher und braucht einen immer größeren Aufwand, um sie zu stabilisieren. ***Menschliche Systeme*** *sind nicht nachhaltig und müssen notgedrungen zusammenbrechen, wenn wir nicht lernen, sie umzubauen.“* (2)

Diese von der Politökonomin und Nachhaltigkeitswissenschaftlerin Prof. Dr. Maja Göpel verfassten Zeilen gelten für unseren gegenwärtigen Zeitabschnitt der Erdgeschichte, also die seit circa 12.000 Jahren dauernde Warmzeit, das Holozän. Wären da nicht die seit der Industriellen Revolution an Volumen, Dynamik und Dramatik immer weiter zunehmenden CO_2-Emissionen, die unserer Erde und damit dem weltweiten Klima kräftig einheizen. Die Folgen dieser menschengemachten Erderwärmung veranlassten im Jahr 2000 gar den am Max-Planck-Institut für Chemie in Mainz forschenden niederländischen Metrologen und Atmosphärenchemiker Paul Crutzen erstmalig vom Anthropozän zu sprechen:

„Damit drückt er zum einen aus, dass der Mensch mit der ***Reichweite seiner Entscheidungen*** *zu einem erdgeschichtlichen Faktor geworden ist. Zum anderen drückt er damit aus, dass nur der Mensch gegensteuern kann, um Schlimmeres zu verhindern. Letztlich auf dieser Erkenntnis basiert der Nachhaltigkeitsdiskurs, den wir derzeit führen …“* (3)

Die Bauwirtschaft als Mitverursacher

Die Probleme des Klimawandels und seine Ursachen sowie die Auswirkungen sind auch auf breiter Front in der Bauwirtschaft angekommen. Namhafte Architekten und Ingenieure positionieren sich zu den damit einhergehenden Herausforderungen für die Branche, für die Wirtschaft allgemein und ebenso für die davon betroffene Menschheit. Ungeschminkt, wahrhaftig und direkt nimmt z. B. Prof. Dr. Werner Sobek, Architekt und Bauingenieur, kein Blatt vor den Mund, wenn er von dieser bisher größten Herausforderung für die Menschheit spricht:

> *„Das Bauschaffen steht in Bezug auf die nicht getroffenen Vorbereitungen für unsere Zukunft weder besser noch schlechter da als andere Bereiche unserer Gesellschaften. Da das Bauwesen derzeit aber für rund 60 % des weltweiten Ressourcenverbrauches, für rund 50 % des weltweiten Abfallaufkommens, für mehr als 50 % der weltweiten Emissionen von klimaschädlichen Gasen und für mehr als 35 % des weltweiten Energieverbrauches verantwortlich ist, kommt ihm in der vor uns stehenden Phase der großen Transformation eine wesentliche Bedeutung zu.“* (4)

Die Bauwirtschaft erlebt wie manch andere Branche einen epochalen Umbruch, denn der Veränderungsdruck ist gewaltig. Aus ursprünglichen Absichtserklärungen sind inzwischen internationale Abkommen zum Schutz unseres Planeten geworden. Aber es ist bei Weitem nicht nur Asche auf das Haupt der Bauwirtschaft. Man sollte differenziert betrachten und ausgewogen urteilen, wie es z. B. der deutsche Architekt Caspar Schmitz-Morkramer im ersten Band seines Buchs Der Nachhalt: Prolog – Prologue fordert:

> *„Wir haben **zu wenig Zeit**, um zu schnell zu sein. Guter Wille ist unabdingbar, aber ein Mythos (…) lehrt uns, das unbedingtes Retten wollen zu Kurzsichtigkeit führen und ultimatives Verschlimmbessern werden kann.“* (5)

In diesem Kontext ist der *European Green Deal*, ein von der Europäischen Kommission unter Ursula von der Leyen am 11. Dezember 2019 vorgestelltes Konzept mit dem Ziel, bis 2050 die Länder der Europäischen Union klimaneutral aufzustellen, eine mehr als wohlgemeinte Empfehlung. Die Zeit ist reif, grundlegend neue Schwerpunkte und verbindliche Ziele zu setzen. Aus der Sicht der Bauwirtschaft kristallisieren sich vier Schwerpunkte heraus:

- Umgang mit Bestand: Revitalisierung bei effizienter Ressourcennutzung, Reduktion der Treibhausgasemissionen und Schutz kultureller Werte
- Recycling fördern: Sekundärmaterialien frühzeitig ausschreiben und in die Bauprozesse integrieren
- nachhaltige Mobilität: 15-Minuten-Städte mit kurzen Wegen und klimafreundlichen Verkehrskonzepten
- Kostentransparenz: nachhaltiges Handeln als Wettbewerbsvorteil etablieren

In Anknüpfung an diese Punkte stellte der Bau- und Planungstisch der Region Basel BPB während der *Architekturwoche Basel AWB'24* eine *Roadmap für eine zukunftsfähige Baubranche* vor. Ein wichtiger Aspekt war: die integrale Planung fördern, wie sie z. B. durch ein ***Networking Design*** von BKW Engineering gewährleistet wird. Denn partnerschaftliche Gesellschaften haben die Chance, mit ihrem Handeln neue Wege zu gehen, differenzierter zu planen und zu bauen sowie das vorherrschende lineare Wirtschaftssystem in eine Kreislaufwirtschaft zu transformieren. Dieses ambitionierte Vorhaben wird jedoch nur gelingen, wenn Macht und Verantwortung, das bedeutet in diesem Kontext Produktion und Lebenszyklus, miteinander verbunden werden [(6)].

Wege aus dem Klimafiasko

Der deutsche Philosoph Peter Sloterdijk hielt im *Salon Public* im Oktober 2022 in Luzern unter dem Patronat des Schweizerischen Bundesamts für Energie und von *EnergieSchweiz* einen viel beachteten Vortrag, der im Folgejahr unter dem Titel *Die Reue des Prometheus: Von der Gabe des Feuers zur globalen Brandstiftung* veröffentlicht wurde. Mit gewohnt spitzer Feder legt Sloterdijk in seinem Vortrag dar, wie es bei dieser „*energetischen Anthropologie*“ [(7)] zu einer Ausbeutungsverschiebung vom versklavten Menschen zur geplünderten Natur kam.

Aber Sloterdijk wird nicht müde, auch entgegengesetzte oder besser alternative, sprich nachhaltige Vorgehensweisen zu benennen. Allen voran sei der sächsische Kammer- und Bergrat **Hans Carl von Carlowitz** genannt, der mit seiner Schrift *Sylvicultura Oeconomica* von 1713 den Begriff der Nachhaltigkeit begründete. Vor ihm gab es jedoch bereits im alten China oder unter Kaiser Friedrich II. z. B. Waldpflegegesetze und Wasserschutzverordnungen.

Dergleichen positive Akzente setzen sich – wie bereits der *European Green Deal* zeigt – mitunter heutzutage fort. Es ist nicht alles *doom and gloom* oder Endzeitstimmung, man muss nur genauer und tiefer hinschauen, um die richtigen Strategien aus dem Klimafiasko abzuleiten. Auch Sloterdijk fährt mit einigen Vorschlägen für einen *energetischen Pazifismus* [(8)] und *smarter Technologie* [(9)] auf, von denen hier nur seine charmante Verbeugung vor seinen Schweizer Gastgebern erwähnt sei: „*Helvetisierung des Planeten allein würde die Weltkultur von ihren großstaatlichen und hypermetropolitanen Gewaltmärschen in die Natur- und Selbstzerstörung abbringen.*“ [(10)]

 „Gemeinsam zum Gipfel für eine dauerhaft lebenswerte Welt“, Gornergletscher, Zermatt, BKW AG / © Roberto Moiola / Sysaworld

Vielleicht hatte der deutsche Philosoph bei seiner Aussage die Bundesverfassung der Schweizerischen Eidgenossenschaft vom 18. April 1999 (Stand 1. Januar 2024) im Sinn, worin in der Präambel, ähnlich einer *Key Speech*, Sinn und Zweck des Kernwertes *gemeinschaftsorientiert* [11] definiert wird:

> *„Sie fördert die gemeinsame* ***Wohlfahrt****, die nachhaltige Entwicklung, den inneren Zusammenhalt und die kulturelle Vielfalt des Landes. Sie setzt sich für die dauerhafte Erhaltung der natürlichen Lebensgrundlagen und für eine friedliche und gerechte internationale Ordnung ein.“* [12]

Worte, die – wie es scheint – von der zivilgesellschaftlichen Reformbewegung der europäischen *Gemeinwohl-Ökonomie* 2010 aufgegriffen wurden. Obwohl es das gemeinsame Gute zweifellos gibt, bleibt strittig, ob sich das jeweils konkrete Gemeinwohl lediglich aus der Summe der individuellen Interessen ergibt oder ob es eine eigene spezifische Qualität hat. Auf dieser Prämisse baut die Gemeinwohl-Ökonomie auf, nämlich das Wohl von Menschen und Umwelt ins Zentrum des nachhaltigen Wirtschaftens zu stellen. Es konzentriert sich dezidiert auf den Grundwerten Menschenwürde, ökologische Verantwortung, Solidarität und soziale Gerechtigkeit sowie demokratische Mitbestimmung und Transparenz. Diese ehrenamtliche Reformbewegung engagierte sich seitdem in der DACH-Region als Verein zur Förderung der *Gemeinwohl-Ökonomie*. In einem kollaborierenden Wirtschaftsmodell kann damit der Versuch unternommen werden, über eine sogenannte Gemeinwohlbilanz einen Kompass für die Zukunftsfähigkeit und Agilität zu erzeugen und mithilfe dieser Matrix Potenziale besser erkennbar zu machen. Das übergeordnete Ziel für das Wirtschaften einer jeden Organisation sollte demnach das gute Leben für alle sein. Der Gemeinwohl-Ökonomie-Bericht 2024 spricht in dieser Hinsicht eine eindeutige Sprache. [13]

Spezifische Maßnahmen und Ziele für die Bauwirtschaft

Aus den Darlegungen dieser ganzheitlichen Ökonomie lassen sich allgemein und insbesondere für die Bauwirtschaft – und somit auch für BKW Engineering – drei eindeutige Betätigungsfelder für ein besonnenes und nachhaltiges Handeln und Wirtschaften ausmachen. Die Antwort aus Sicht der deutschen Bundesregierung war in diesem Zusammenhang laut Sören Bartol (MdB, Parlamentarischer Staatssekretär Bundesministerium für Wohnen, Stadtentwicklung und Bauen) eindeutig:

> *„Baukostenbegrenzung, Digitalisierung und Planungsbeschleunigung werden zentrale Themenfelder. Nachhaltig, klimagerecht sowie flächen- und ressourcenschonend unter Beibehaltung der Qualität und Bezahlbarkeit sind hierbei entscheidende Schlagworte.“* (14)

Diese Aussage machte Sören Bartol in seiner Eröffnungsrede auf dem Branchentreffen der Bauwirtschaft, dem Nachhaltigkeitssymposium im UNESCO-Welterbe Zollverein, Essen 2022. Gemäß Bundes-Klimaschutzgesetz müssen demzufolge betriebsbedingte CO_2-Emissionen der Gebäude bis 2030 fast halbiert werden, so der parlamentarische Staatssekretär weiter:

> *„Hierfür müssen wir die Energieeffizienz stärken, den Einsatz erneuerbarer Energien deutlich steigern und wir müssen in Zukunft* ***anders bauen als bisher.“***

Bestand – vom Altbau zum Wertstofflager

Wer sein Haus liebt und pflegt, bewahrt es zukünftig in einem neuen Bewusstsein, nämlich dem für das *Bauen im Bestand*. Neubauten hatten über Jahrzehnte hinweg Vorfahrt. Hier ist ein Umdenken angesagt, wo u. a. auch BKW Engineering das Augenmerk auf den Bestand als Wertstoffdepot lenkt. Die Kreativität unserer Architekten und Ingenieure nimmt sich dem von der *Deutschen Gesellschaft für Nachhaltiges Bauen* (DGNB) 2022 ins Spiel gebrachten digitalen **Gebäude-Ressourcen-Pass** (15) an.

Die DGNB beschreibt das grundlegende Prinzip recht einfach: In dem Gebäudepass sollen die für jedes Gebäude wesentlichen Informationen zu Ressourcenverbrauch, Klimawirkung und Kreislauffähigkeit transparent wiedergegeben werden. Es werden allgemeine Informationen wie Standort, Baujahr und Art der Bauweise sowie die Gesamtmasse des Gebäudes erfasst. Zukünftig sollen neben den Bau- und Abbruchabfällen auch die Anteile nachwachsender Rohstoffe und die wiederverwendeten oder rezyklierten Materialien erfasst werden. Auf diese Art und Weise wird Transparenz hinsichtlich der Umweltwirkungen eines Gebäudes über den gesamten Lebenszyklus (Referenznutzungsdauer 50 Jahre) geschaffen. Ökobilanziell ermittelte Treibhausgasemissionen des Bauwerks sollen ebenso ausgewiesen werden wie der Primärenergiebedarf aus nicht erneuerbaren Energiequellen.

Regulatorik scheint bei mangelnder Beteiligung zur Erstellung dieses Materialkatasters gefragt zu sein, doch zugleich schafft diese Regulatorik Widerstände, die ohne eine Sanktionierung ebenfalls zur Bremse werden. Offenkundig besteht ein Kreislauf, den es zu brechen gilt, ganz besonders in Anbetracht der Klimaextreme, wie sie jeder Wetterbericht beinahe allwöchentlich in Erinnerung ruft. Es braucht ein positiv besetztes Anstrengungsmodell, das belohnt, nicht bestraft wird. Und es braucht pragmatische Spielregeln, die Grenzen setzen und Vorgaben machen, aber innerhalb dieser Grenzen maximale Freiheiten zulassen, damit Unternehmen wieder konkurrenz- und handlungsfähig werden. Neubauten greifen dabei überwiegend auf Angaben aus dem *Building Information Modelling* (BIM) zurück.

Ein ideell und materiell noch umfassender Schritt in Richtung Kreislaufwirtschaft ist das 2017 gegründete Madaster. Das von dem deutschen Architekten **Thomas Rau** in den Niederlande entwickelte und nunmehr internationale Kataster für Materialien versteht „*… die Erde als ein* ***geschlossenes System,*** *in dem Ressourcen nur begrenzt verfügbar sind.*“ (16)

Das Ziel der aus diesem Grund entwickelten Softwarelösung war und ist ein grundlegender Systemwechsel im Umgang mit verbauten Materialien. Wir müssen für die Identifizierung und Dokumentation von Baustoffen die Natur nachahmen, die keinen Abfall kennt! Konsequenterweise ging der Deutsche Nachhaltigkeitspreis 2023 in der Kategorie Unternehmen bzw. Bauindustrie an Madaster.

Auch Unternehmen wie z. B. *restado* als Marktplatz für zirkuläre Baustoffe mit seinem griffigen Slogan *Wiederverwenden statt verschwenden* (17) oder die 2020 in Berlin gegründete Firma *concular* (18) setzen auf die Rückgewinnung beim Rückbau. Dieses Vorgehen ist mittlerweile auch als *Urban Mining* bekannt. Die damit verbundenen Lager- und Logistikhallen überbrücken Zeiträume, die als Zeitdifferenz nach dem Rückbau und vor der Nachnutzung entstehen.

All diese Unternehmungen und Maßnahmen sind konkrete Beispiele eines tiefgreifenden Systemwandels in der Immobilien- und Baubranche auf dem langen und beschwerlichen Weg zu einer kreislaufgerechten und nachhaltigen Wirtschaftsweise. Bauliche Nachhaltigkeit ist ein spannendes Geschäftsmodell, wenn es motivierend wirkt und unternehmerisch gelebt werden kann oder wenn es mehr wird als eine bloße legislative Entsprechung. Bürokratieabbau ist ein wesentlicher Lösungsansatz. Zügige Entscheidungen führen zu schnelleren Ergebnissen, die unter anderem im Hinblick auf den Mangel, z. B. an bezahlbarem Wohnraum, unerlässlich erscheinen.

„Bauen im Bestand beginnt mit Wissen über den Bestand. Der digitale ***Ressourcenpass*** *ist mehr als nur ein Dokument – er ist ein Werkzeug, um Materialien sichtbar, bewertbar und wieder nutzbar zu machen. Nur wenn wir wissen, was verbaut ist, können wir Kreisläufe planen statt verschwenden.“*

Christoph Zeltner

Digitalisierung – Künstliche Intelligenz

Mit der Industrie 4.0 wurde nach der Mechanisierung durch Dampfmaschinen, Fließbänder und der Digitalisierung mit dem Einsatz von Personalcomputern die vierte industrielle Revolution eingeleitet. Mit Hilfe von Künstlicher Intelligenz (KI) steht in der Industrie 4.0 eine weitgehend sich selbst organisierende Produktion am Start. Anhand der rasanten Entwicklungen unseres Smartphones erleben wir hautnah, welche Dynamik die digitaltechnologischen Entwicklungen einschließlich der sich ständig verändernden Marktanforderungen entfesseln. Richard David Precht, telegener Philosoph und Publizist, erkennt in diesen rapiden Umwälzungen gewissermaßen ein zweischneidiges Schwert:

> *„Die Digitalisierung wird bereits von allen Volkswirtschaften* ***als Macht anerkannt.*** *Und es ist hohe Zeit zu zeigen, wo die Weichen liegen, die wir jetzt richtigstellen müssen, damit sie sich in einen Segen und nicht in einen Fluch verwandeln. Denn die Zukunft kommt nicht! Mögen die „Zukunftsforscher" noch so selbstsicher von den Podien orakeln – die Zukunft wird von uns gemacht! Und die Frage ist nicht: Wie werden wir leben? Sondern: Wie wollen wir leben?"* [19]

Selbstverständlich stehen Architekten und Ingenieure vor den gleichen Herausforderungen, ihr Denken, ihre Prozesse, Produkte und Dienstleistungen kontinuierlich anzupassen, zu digitalisieren und zu optimieren. Unter der Überschrift *Bauwende* ist die Notwendigkeit zu verstehen, innovative Technologien wie z. B. *Building Information Modeling* (BIM) oder vielmehr *Building Information Management* (BIM+), digitale Prozessautomation und KI effektiv in das Planungs- und Beratungswesen zu integrieren. Es werden lang etablierte Organisationsstrukturen kritisch hinterfragt. Immer häufiger ergibt sich daraus ein strategischer Ansatz zur Veränderung, um die Aufbau- und Ablauforganisation der Digitalisierung im Bereich der kollaborierenden Netzwerkplanung weiterzuentwickeln. Die modellgestützte Planung nutzt alle nur verfügbaren Möglichkeiten der Digitalisierung.

Diese digitale Transformation gleicht einer *Renaissance der Baumeister* für Gesamt- oder Generalplaner. Denn sie nutzen die kollaborierende Netzwerkplanung als eine interorganisationale Gruppe, interdisziplinär zusammenarbeitender Architekten und Ingenieure. So werden sie zu Kumulativleistungsträgern, weil sich unterschiedliche Dienstleistungen alle in einem Haus bündeln lassen. Diese Zusammenarbeit ist vergleichbar mit einem Bauleistungsanbieter, einem Generalunternehmer, nur dass sie planen und nicht bauen – nach dem Prinzip *alles aus einer Hand* oder *one face to the customer.*

„*Neue Werkzeuge ermöglichen neue Perspektiven*", BKW AG / © Kniel Synnatzschke

Netzwerkpartner arbeiten *Cross-disziplinär* zusammen und skalieren das klassische Managementmodell des Gesamtplaners, indem sich nicht nur Architekten und Ingenieure (als Personen) in einem Unternehmen zusammenfinden, sondern sich mehrere Unternehmen als Organisationseinheiten derselben Vision an- und zusammenschließen.

Sie folgen alle dem traditionellen Planungsverständnis eines historischen Baumeisters, indem sie alle wesentlichen Ingenieurleistungen in einem Netzwerk verbinden. Kurzum, das bedeutet: Kompetenz auf kurzem Wege und ein noch besseres wechselseitiges Verständnis für die BKW Engineering als eine *Shared Design Economy* – Integralplanung und Belange des Nächsten – Architekten und Ingenieure auf Augenhöhe!

Im Zuge der *Digitalen Transformation* werden Datenbestände als Ressource immer wichtiger. KI wird zukünftig einen wesentlichen Beitrag zur Profitabilität einer Planungsgesellschaft leisten müssen. Kollaborierende Netzwerke sind über die gemeinsame Organisationsstruktur ohnedies bereits verbunden. Daher wird die Verwendungsfähigkeit vorhandener und zukünftiger Daten darüber entscheiden, ob die neue Währung, genannt „Information", auch nutzbringend angewendet werden kann (siehe: BEN Band 03, *Wie wir agieren*: *Shared Service Digital Transformation DT*)[20].

Aber es wäre ebenso naiv, wenn nicht gar fatal, falls wir – befangen von Vorurteilen gepaart mit Trägheit, Ignoranz und Nichtwissen – die Chancen und Risiken der Digitalisierung nicht adäquat abwägen und kontrollieren würden:

„*Die* ***KI ist ein Moving Target,*** *also eine Technologie, die sich so schnell weiterentwickelt, dass gestern noch gültige Grundannahmen und Möglichkeitsgrenzen morgen schon obsolet sein können. Das macht sinnvolle Regulierungsversuche extrem schwierig.*"[21]

Künstliche Intelligenz verändert nicht nur unsere Arbeitsweise, sie verändert unser Verständnis von Innovation. Bei BKW Engineering verstehen wir KI als strategisches Werkzeug, um Wissen zu vernetzen, Prozesse zu beschleunigen und unsere Kompetenzbereiche noch stärker zusammenzuführen.

Innerhalb des *Network of Excellence* entsteht so ein Ökosystem, in dem Technologie und Expertise ineinandergreifen. Immer mit dem Ziel, nachhaltige und zukunftsorientierte Lösungen zu schaffen. Bereits heute unterstützen uns Tools wie Copilot oder Edison bei alltäglichen Aufgaben, während eigene Entwicklungen im Netzwerk gezielt auf die Praxis zugeschnitten sind: KI-Systeme, die Ausschreibungen analysieren, Wissen intelligent verknüpfen oder mit generativem Design neue Planungsansätze ermöglichen. Diese Fortschritte sind keine isolierten Projekte, sondern Teil einer klaren Vision: Wir wollen die Chancen der Digitalisierung nutzen, um unsere Branche resilienter, vernetzter und effizienter zu machen.

Technologische Kompetenz allein reicht nicht aus.
Zukunft entsteht dort, wo Menschen gemeinsam über Grenzen hinweg denken. Deshalb sind Formate wie der BKWEngineering × TUM.ai Hackathon so wichtig. Sie schaffen Räume, in denen Ideen, Perspektiven und Technologien aufeinandertreffen und in denen aus Experimenten Impulse für die Praxis werden.

Nachhaltigkeit – Ein Zauberwort mit vielfachen Implikationen

Wenn es ein Zauberwort in Bezug auf die klimatischen Sorgen unseres Planeten im angehenden 21. Jahrhundert gibt, dann lautet es Nachhaltigkeit bzw. die englische Variante *sustainability*.

> Nachhaltigkeit ist ein Wertekonzept und beschreibt einen optimalen Zielzustand. Wie genau dieser optimale Zielzustand aussieht, wird individuell, gesellschaftlich, kulturell oder zeitlich verschieden verstanden. Es gibt daher nicht „DIE“ Nachhaltigkeit und darin liegen auch die heute existierenden unterschiedlichen Konzepte, Ziele, Bewertungssysteme oder Maßnahmen begründet. Dies erfordert ein umfassendes Verständnis sowie eine systematische Herangehensweise an Anforderungen, die sich aus dieser Ausgangslage im regulatorischen Umfeld, dem Markt, aber auch aus dem inneren Anspruch von BKW Engineering heraus ergeben.

Nachhaltigkeit scheint in seiner rhetorischen Häufigkeit Ökologie als Schlagwort übertroffen zu haben, wobei doch ersteres ein Bestandteil des zweiten ist. Auch wissen wir seit über 300 Jahren, was Nachhaltigkeit bedeutet, nämlich aus dem bereits erwähnten Buch *Silvicultura Oeconomica* von Hans Carl von Carlowitz (1645–1714) aus dem Jahr 1713. Die nachhaltige Bewirtschaftung des Waldes wurde von ihm auf diese einfache Formel gebracht:

> *„Wird derhalben die gröste Kunst / Wissenschafft / Fleiß / und Einrichtung hiesiger Lande darinnen beruhen / wie eine sothane Conservation und Anbau des Holtzes anzustellen / daß es eine continuirliche beständige und nachhaltende Nutzung gebe / weil es eine unentberliche Sache ist / ohne welche das Land in seinem Essay [im Sinne von Wesen, Dasein, d. Verf.] nicht bleiben mag.“* [22]

Was damals als Energiehunger des erzgebirgischen Hüttenwesens und der Bau wie die Beheizung anwachsender Städte in den Wäldern des sächsischen Erzgebirges einen regelrechten Holznotstand hervorrief, bildete sich im 20. und 21. Jahrhundert zu handfesten existenziellen Energiekrisen aus.

Denn wir leben, sprich wir konsumieren mehr als die Erde verträgt. Aber wir haben nur *eine* Erde und der Erdüberlastungstag (*Earth Versohlt Day*) verschiebt sich tendenziell kalendarisch immer weiter zum Jahresanfang, d. h., in immer kürzerer Zeit verbraucht die Menschheit mehr Ressourcen als auf natürlichem Weg nachwachsen oder ersetzt werden können. So hatte die Schweiz 2018 und 2019 schon am 7. Mai ihre Ressourcen erschöpft, ihre Lebensweise beanspruchte damit drei Erden. Die USA dagegen verbrauchten im gleichen Zeitraum fünf Erden! Diese allein vom Menschen verursachte und gesteuerte Entwicklung ist das krasse Gegenteil von Nachhaltigkeit.

Es verbleibt die Frage, wie wir Menschen unser Handeln wieder in Einklang mit der Natur bekommen. Auf dem Weg dahin, ideell und materiell, gibt es nach wie vor immer wieder Komplikationen und Schwierigkeiten. Der französische Philosoph Bruno Latour spricht in seinem *Terrestrischen Manifest* (2017), nach den Verheerungen der Moderne, die sich im Paradoxon von Wachstum und Nachhaltigkeit zu verlieren drohen, ganz pragmatisch von einer massiven Erdung, die wir Menschen wieder herstellen müssen: „*Die Wendung zum Attraktor des TERRESTRISCHEN kann erfolgen, weil der Traum eines Zugangs zum GLOBALEN ausgeträumt ist …*“ [23]

Mit dieser Feststellung geht nicht nur ein tiefer Zweifel einher, sondern vor allem eine tiefsitzende Schuld. Das ganze *Terrestrische Manifest* kann daher als ein einziges Schuldbekenntnis betrachtet werden. Aus dem metaphysischen wie individuellen Zweifel wird eine kollektive Verzweiflung. Latour blieb am Ende seines Manifests nur die Möglichkeit, recht hilflos seine mit vielen Wünschen und Hoffnungen behaftete Frage in den Raum zu stellen: „*Sind wir noch modern oder schon terrestrisch?*“ [24]

Reaktionen aus der Bauwirtschaft

Wenden wir den Blick wieder auf die Bauwirtschaft. In der Nachhaltigkeitsdebatte wurden die Entstehungskosten (Bauwerkskosten) im Jahr 2009 nach einer Faustregel mit durchschnittlich 30 % der Lebenszykluskosten bewertet. Die verwendeten Materialien binden dabei bereits etwa 40 % der Gesamtenergie, die im Zuge einer 25-jährigen Betriebslaufzeit verbraucht wird. Die Beeinflussbarkeit der Baukosten liegt bei fast 80 % in den ersten Entwurfsphasen und nimmt exponentiell ab. Daher stehen die wesentlichen Entscheidungen zu Beginn eines jeden Projekts an und können während einer Ausführungsplanung oder in der späteren Bauphase kaum mehr aufgefangen werden. Es ist ein Grund genug, von aller höchster Stelle massiv aktiv zu werden.

In Deutschland startete das Bundesministerium für Verkehr, Bau und Stadtentwicklung zusammen mit der *Deutschen Gesellschaft für Nachhaltiges Bauen* (DGNB) eine gemeinsame Initiative, die sich seit 2007 in der Erarbeitung und Etablierung eines gleichlautenden Gütesiegels zur Gebäudezertifizierung niederschlägt. In der Schweiz ist das 2013 gegründete *Netzwerk Nachhaltiges Bauen Schweiz* (NNBS) die erste Anlaufstelle und der Taktgeber für nachhaltiges Bauen. Der Verein wird von der Wirtschaft sowie der öffentlichen Hand getragen und pflegt und entwickelt den *Standard Nachhaltiges Bauen Schweiz* (SNBS). Grundlage für die Entwicklung von NNBS und SNBS war die bundesrätliche Strategie Nachhaltige Entwicklung 2030. Österreich bekennt sich ebenfalls zur Umsetzung der Agenda 2030 der Vereinten Nationen und folgt dem dort formulierten Grundsatz „*leaving no one behind*".

Nachhaltiges Bauen verbindet demnach sechs Qualitätskategorien miteinander: ökologische, ökonomische, soziokulturelle und funktionale Qualität mit der technischen Qualität, der Prozessqualität und der Standortqualität. Die passgenauen Konzepte für diese Kategorien können über den Planungsansatz der Gesamt- oder Integralplanung umfassend und optimal beantwortet werden. Langfristig ist ein effizienterer und nachhaltigerer Projekterfolg möglich, wenn diese Kategorien in ein *Networking Design* bzw. die Methodenkompetenz einer kollaborierenden Netzwerkplanung und in der Arbeitsweise einer ***Shared Design Economy*** weitere Kompetenzen aus Betrieb und Finanzierung eingebettet sind. Ein *Network of Excellence* ist daher die umfassende Antwort auf die Grundsatzfragen des nachhaltigen und kreislaufwirtschaftlichen Planens. Die Formel und das Fazit daraus lauten: Integralplanung als Renaissance und Rückkehr zum Prinzip des Baumeisters als folgerichtiges Konzept.

„*Die Zukunft braucht mutige Entscheidungen*", Filmhochschule, Potsdam-Babelsberg, Assmann Beraten + Planen GmbH, © Marcus Bredt

Der **Imperativ unserer Zeit** lautet daher, keine weitere Zeit zu verlieren. Abwarten und Aussitzen sind keine Lösung. Die anzuwendenden Maßnahmen müssen in einem ausgewogenen Verhältnis von Regulatorik, Nachweis und Vertrauen liegen. Effizienz durch Sparsamkeit im Verbrauch muss um das Prinzip der Effektivität ergänzt werden. Im erweiterten Sinne ist nach Peter Drucker (1909–2005), einem der bekanntesten US-amerikanischen Ökonomen des 20. Jahrhunderts, damit der Anspruch gemeint, **nicht nur die Dinge richtig zu tun, sondern vielmehr die richtigen Dinge zu tun.**

Exzesse an die Kette legen

Schon Anfang der 1990er Jahre, also im Anschluss an die Euphorie des Mauerfalls, dem *Ende der Geschichte* nach Francis Fukuyama und so manch anderer Sorglosigkeit dachte der französische Anthropologe Marc Augé schon viel weiter. Sein Fazit über die Moderne und auch Postmoderne lautete:

„Die ***Welt der Übermoderne*** *hat nicht dieselben Maße wie die Welt, in der wir zu leben glauben, denn wir leben in einer Welt, die zu erkunden wir noch nicht gelernt haben. Wir müssen neu lernen, den Raum zu denken."* [25]

Dieses Zitat ist eine zutiefst architektonische Aufforderung. Denn wir besitzen alle Dinge nur auf Zeit und den Raum mit Dingen – also Architektur – einfach nur vollzustellen, gilt nicht mehr als moralischer Kompass bei der Bewertung der Forschungsergebnisse zur Nachhaltigkeit in der Bauwirtschaft. Daraus leitet sich weiterhin folgender Grundsatz ab: Ein Produkt sollte nicht nur bis zum Nutzer gedacht werden, sondern es muss im Kreislauf bis zur Rückkehr in die Wertschöpfungskette berücksichtigt werden. Folgendes begriffliches Dreigestirn ist dabei behilflich, nämlich *Effizienz – Konsistenz – Suffizienz*:

Effizienz – Hier steht die Reduktion des Verbrauchs (Material und Energie) im Vordergrund. Sie zielt darauf ab, eine ergiebigere Nutzung von Rohstoffen und vorhandener Ressourcen zu erreichen. Selbstverständlich spielen auch technische Innovationen eine große Rolle. So hat z. B. die technische Gebäudeausrüstung in den letzten Jahrzehnten erheblich an Bedeutung gewonnen. Doch Einsparungen allein reichen nicht aus, weil die Ressourcen der Erde „endlich" sind.

Konsistenz – Darunter ist die Suche nach alternativen Technologien und Stoffen zu verstehen, die besser für Natur und Umwelt sind als bislang verwendete. Sie versucht, Kreisläufe zu schließen, und beginnt bei der Herstellung, geht über die Nutzung zum Recycling oder bis zur Wieder- oder Weiterverwendung.

Suffizienz – Im Mittelpunkt steht die Frage „Wie viel ist genug?" Grundsätzlich geht es um einen geringeren Verbrauch von Ressourcen, indem z. B. eine verringerte Nachfrage nach Gütern oder Dienstleistungen angestrebt wird, wenn damit ein Energie- und Materialverbrauch einhergeht. Jegliche Art von Exzess und Luxus läuft diesem Denken zuwider, sei es der europäische Trend zu immer mehr Wohnfläche pro Person oder die Eliminierung gesetzlicher Garantiezeiten für technische Produkte hinsichtlich Reparaturfähigkeit und Langlebigkeit, was Produzenten und Konsumenten gleichermaßen entbindet.

Wie weit und ausgiebig Nachhaltigkeit interpretiert und angewendet werden kann, belegt Felix Heidenreichs jüngste Publikation *Nachhaltigkeit und Demokratie*. Der wissenschaftliche Koordinator am *Internationalen Zentrum für Kultur- und Technikforschung* (IZKT) der Universität Stuttgart macht darin folgende aufschlussreiche Differenzierung und Forderung auf:

> „*Nachhaltigkeit als primär technische Herausforderung versteht und erzeugt in den entsprechenden Debatten und Diskursen eine im weitesten Sinne ingenieurwissenschaftlich-technische Rahmung der gesellschaftlichen Auseinandersetzung: Nachhaltigkeit, so eine verbreitete Vorstellung, sei wie ein „End-of-Pipe"-Problem zu behandeln, bei dem durch technische Innovationen, Effizienzsteigerungen und die Erschließung neuer Ressourcen der Umbau zu einer nachhaltigen Lebensweise sozusagen auf der Hinterbühne der Gesellschaft erfolgen könne, ohne für die Bürgerinnen und Bürger wahrnehmbar zu sein. Diese technomorphe Verkürzung des Nachhaltigkeitsbegriffs führt dazu, dass die Nachhaltigkeitsdebatte heute in weiten Teilen ohne eine Beteiligung der Politischen Theorie stattfindet.*" [26]

Nachhaltigkeit ist das **Zauberwort** unserer Epoche und ein ebenso schillernder Begriff.

Transponiert man Nachhaltigkeit von der technischen Ebene auf die politische Bühne, so offenbart sich eine neue Dimension. Auf einem gänzlich anderen Blatt stehen jedoch die politischen Dimensionen der Nachhaltigkeitsdebatte und wie Nachhaltigkeit letztlich umgesetzt werden könnte. Es geht um zentrale Fragen und Belange, die die Möglichkeiten dieser Publikation bei Weitem übertreffen.

1 von Borries, Friedrich: Architektur im Anthropozän, Suhrkamp, Berlin 2024, S. 19.
2 Göpel, Maja: Unsere Welt neu denken, Ullstein, Berlin 2020, S. 53–54
3 Kinne, Peter: Nachhaltigkeit entfesseln! Einsichten und Lösungen jenseits der Klimadebatte, Springer Verlag, Berlin 2020, S. 14–15.
4 Sobek, Werner: non nobis – über das Bauen in der Zukunft, Band 1: Ausgehen muss man von dem, was ist, Avedition, Stuttgart 2022, S. 18.
5 Schmitz-Morkramer, Caspar: Der Nachhalt: Prolog – Prologue, Wasmuth & Zohlen Verlag, Berlin 2022, S. 136
6 Der deutsche Architekt Caspar Schmitz-Morkramer gibt in seiner oben zitierten Veröffentlichung einen umfassenden Überblick über die internationalen Organisationen, die sich der Eindämmung der Erderwärmung und der Klimaneutralität verschrieben haben, einschließlich einer Auswahl von „Messlatten für Nachhaltigkeit" und Zertifizierungen, siehe S. 274–301.
7 Sloterdijk, Peter: Die Reue des Prometheus, Von der Gabe des Feuers zur globalen Brandstiftung, Suhrkamp, Berlin 2023, S. 9.
8 Ibid., S. 61.
9 Ibid., S. 62.
10 Ibid., S. 63.
11 https://www.verfassungen.ch/verf99.htm.
12 Art. 2 Zweck 2, Art 2 Zweck 4, https://www.verfassungen.ch/verf99.htm.
13 Siehe ferner: https://germany.econgood.org/2024-ein-jahr-des-fortschritts-fuer-die-gemeinwohl-oekonomie-in-deutschland/.
14 Siehe: https://www.bvmb.de/images/Aktuelles/Flyer-Nachhaltigkeits-Symposium_der_Bauwirtschaft_am_28-29062022_v25.pdf.
15 Siehe ferner: https://www.dgnb.de/de/nachhaltiges-bauen/zirkulaeres-bauen/gebaeuderessourcenpass
16 https://madaster.de/vision/; siehe auch Oberhuber, Sabine; Rau, Thomas: Material Matters, Wie eine neu gedachte Circular Economy uns zukunftsfähig macht, Ullstein, Berlin 2021.
17 https://restado.de/.
18 https://concular.de/.
19 Precht, Richard David: Jäger, Hirten, Kritiker: Eine Utopie für die digitale Gesellschaft, Goldmann, München 2018, S. 15.
20 Der dritte Band ist ein internes Organisationshandbuch und nicht im Buchhandel verfügbar. Er bezieht sich (1) wie wir denken, (2) was wir tun und (3) wie wir agieren.
21 Lobo, Sascha: Die große Vertrauenskrise. Ein Bewältigungskompass, Kiepenheuer & Witsch, Köln 2023, S. 274.
22 von Carlowitz, Hans Carl: Sylvicultura Oeconomica (1713), S. 105–106, zitiert nach: https://de.wikipedia.org/wiki/Hans_Carl_von_Carlowitz.
23 Latour, Bruno: Terrestrisches Manifest, 5. Auflage, Edition Suhrkamp, Berlin, 2022, S. 62.
24 Ibid., S. 67.
25 Augé, Marc: Nicht-Orte, 5. Auflage, C.H. Beck, München 2019, S. 43.
26 Heidenreich, Felix: Nachhaltigkeit und Demokratie: Eine politische Theorie, Suhrkamp, Berlin 2023, S. 12.

1.2 Wie ist die spezifische Marktsituation?

Wo steht der Markt heute?

Spätestens seit dem Ausbruch der Covid-19-Pandemie Ende 2019, der damit in Verbindung stehenden Weltwirtschaftskrise (2020–2021) und dem Ausbruch des Krieges in der Ukraine im Februar 2022 ist der langjährige Höhenflug der deutschen Bauwirtschaft ins Stocken geraten.

Stark gestiegene Material- und Baupreise, hohe Zinsen für die Projektfinanzierung, Fachkräftemangel und Überregulierung vonseiten der Behörden sind nur einige der „Baustellen", die die deutsche Bauwirtschaft am Anfang der zweiten Dekade des 21. Jahrhunderts plagen. Die volkswirtschaftliche Signifikanz von Architekten und Ingenieuren spielt nach wie vor eine große Rolle. Das jährliche Planungsvolumen (Stand 1. Januar 2024) lag bei rund 11 Mrd. Euro und im gleichen Zeitraum wurde eine Bausumme von etwa 350 Mrd. Euro umgesetzt. Insgesamt gab es laut der Bundesarchitektenkammer im selben Januar 140.930 Planungsbüros in Deutschland, die sich mit allen Belangen der architektonischen, konstruktiven und technischen Planung vom Gebäudeentwurf bis zur Landschaftsplanung und mit der resilienten Anpassung von technischen Infrastrukturen und der Verbesserung öffentlicher Infrastruktur beschäftigten (1).

Allerdings sind nicht wenige der Architektur- und Ingenieurbüros in Deutschland, u. a. wegen des demografischen Wandels gezwungen, Nachfolgeregelungen oder sogar neue Wege zu gehen und / oder alternative Organisationsformen zu suchen, um sich am Markt behaupten zu können. Prognosen für das Jahr 2025 fallen erstmals wieder etwas positiver aus, wie z. B. die Allgemeine Bauzeitung schreibt:

„Die schwächelnde Baubranche in Deutschland darf sich den zweiten Monat in Folge über mehr neue Aufträge freuen. Im November 2024 verbuchte das Bauhauptgewerbe sowohl zum Oktober (plus 7,9 Prozent) als auch zum Vorjahresmonat (plus 16,6 Prozent) ein reales Plus. Zudem war der November nach Angaben des Statistischen Bundesamtes mit 11,5 Milliarden Euro der umsatzstärkste Monat des vergangenen Jahres – auch wenn die Erlöse weiterhin unter dem Niveau des Jahres 2023 lagen." (2)

In Bezug auf die für Deutschland, Österreich und die Schweiz spezifische, fragmentierte Marktsituation, die von kleinteiligen und mittelständischen Architektur- und Ingenieurbüros in einer Größenordnung von 1–10 Mitarbeitern (3) geprägt ist, könnte die These lauten:

- **Kleine und vornehmlich junge Büros** – vielfach als Start-up – können zwar aufgrund ihrer begrenzten Größe flexibler reagieren, sind jedoch strukturbedingt oft in der Defensive und müssen die damit verbundenen wirtschaftlichen Herausforderungen nur mit einem erhöhten Maß an leidenschaftlicher Überzeugung kompensieren.
- **Große und etablierte Büros** sind im Hinblick auf ihre Leistungskraft dementsprechend widerstandsfähiger und stellen sich den Markanforderungen offener.

Die mit den Prognosen für die deutsche Bauwirtschaft verbundenen Schlagzeilen „*Die Bauflaute setzt sich fort*" und „*Insgesamt zu wenig Aufträge*" (4) müssen in Bezug zu den vorrangigen zukünftigen Anforderungen gesetzt werden. Beispielhaft sei der Wohnraum-, Bildungs- und Infrastrukturbedarf in der DACH-Region genannt. Es bleibt die Frage, ob und wenn ja, wie und wo dieses Potenzial optimal eingesetzt werden könnte, auch wenn die Aufwendungen für zahlreiche mittelständische, kleine und mittlere Unternehmen (KMUs) nicht mehr attraktiv sind. Eine Antwort könnte in dem Managementmodell Gesamt- bzw. Generalplanung oder wie wir es nennen im *Networking Design* liegen, einer integralen Netzwerkplanung, so wie sie seit vielen Jahren existiert, aber auf höchst unterschiedliche Weise praktiziert wird.

„*Aus Liebe zum Detail*", Hampton by Hilton, Berlin, collignon architektur GmbH, © Linus Lintner

Wir brauchen neue Werte

Anorganisches Wachstum erscheint im Hinblick auf den zunehmenden Fachkräftemangel (*war for talents*) unumgänglich und ist zu einer notwendigen Praxis geworden. Nachfolgeregelungen sind wesentliche Gründe für den sich daraus ergebenden Mergers & Acquisitions-Prozess), d.h. den Firmenübernahmen. Es herrschen jedoch erhebliche Unterschiede im Hinblick auf die Auswahlkriterien der Unternehmungen und auf den Grad ihrer Integration. Dies daraus folgende Entscheidung hat auf das spätere Tagesgeschäft und die wechselseitige Zufriedenheit der Tochterunternehmen nach der Implementierung einen sehr großen Einfluss.

Das Konzept *Shared Design Economy* setzt im Managementmodell von BKW Engineering den Schwerpunkt auf *Cross Innovation*, was als ein *sich gegenseitig stark machen* interpretiert werden kann: Dies entspricht einer Arbeitsweise, bei der Kapazitäten, Kompetenzen und Wissen geteilt werden. Cross Innovation soll als interdisziplinäres Prinzip durch gemeinsames Handeln einen wirksamen Beitrag zu einer stabilen Unternehmung BEN führen und im Arbeitsergebnis eine dauerhaft lebenswerte Welt generieren. In einer kollaborierenden Netzwerkplanung sollen die Entwicklungschancen vergrößert werden, um alle Netzwerkpartner für den Fortschritt des *anders Planen und Bauen* im Sinne der *Bauwende* zu unterstützen. In ihr findet sich daher eine wichtige Alternative für den selbstständigen Bürobetrieb im Hinblick auf die Herausforderungen der zukünftigen Bauwirtschaft. In Verbindung mit dem Grundsatz „*Stärke durch Gemeinschaft*" ist der vollständige Eigentumsübergang eine Voraussetzung für die umfassende Nutzung des *Network of Excellence* und ihrer Leistungsfähigkeit.

Aber die **Eigenständigkeit und operative Handlungsfähigkeit** der eingegliederten Büros soll im Netzwerk von BKW Engineering unbedingt erhalten bleiben. Shared Design Economy sollte deswegen auf den Grundüberzeugungen fachlicher und unternehmerischer Wertschätzung beruhen.

Hierarchie bezeichnet allgemein eine Rangordnung oder Abstufung von Positionen, Autoritäten oder Ebenen innerhalb einer Organisation, Struktur oder Gruppe. In einer hierarchischen Struktur gibt es mehrere Ebenen, die durch unterschiedliche Grade von Macht, Verantwortung und Entscheidungsbefugnis gekennzeichnet sind. Jede Ebene ist der oberen untergeordnet und der unteren übergeordnet, was eindeutige Strukturen für Autorität und Kommunikation schafft.

Gegenentwurf: Innerhalb von BKW Engineering sind zwar klare Zuständigkeiten und Verantwortungen geregelt, für die Organisationshierarchie ist jedoch die Fachkompetenz und nicht Titelhierarchie ausschlaggebend. In Unternehmen oder Institutionen gibt es oft eine hierarchische Struktur, die von der Geschäftsführung bis zu den operativ Mitarbeitenden reicht. Diese Struktur hilft zwar, die Verantwortlichkeiten eindeutig zu definieren und vielleicht die Effizienz der Entscheidungsprozesse zu verbessern, aber sie verhindern das Momentum des unternehmerischen Erfolgs, wenn die Eigenmotivation, die sich aus dem Unternehmertum ergibt, durch Verwaltungsstrukturen gebremst wird, wo jeder nur tut, was er muss und darf. *Intrapreneurship* nennen wir daher eine wesentliche Säule der *Methode BEN*, also die Art und Weise, wie wir miteinander als Netzwerk zusammenarbeiten. Daher lautet unsere erste Prämisse:

BEN fördert leidenschaftliches **Unternehmertum** als Intrapreneurship innerhalb des *Network of Excellence* und beachtet zugleich die Eigenständigkeit sowie die operative Handlungsfähigkeit Ihrer Netzwerkpartner.

Eigenverantwortlichkeit für das Tagesgeschäft und die gestalterische Freiheit gehen in der *Methode BEN* (5) als Netzwerkplanung aus der Sicherheit einer starken Gemeinschaft hervor. Der darin enthaltene Teamgeist steht übergeordnet auch für die Garantie des erforderlichen Wohlstands, der die Grundlage für zukünftige Investitionen und für die Entwicklung des *eigenen* Büros bildet. Dieser langfristige Wohlstand entsteht aus den strategisch organisierten Teilen von Kapazitäten, Kompetenzen und Wissen.

„Monaco Smart & Sustainable Marina", La Certosa, Venedig (internationaler Wettbewerb, gewonnen 09/2025), ingenhoven associates GmbH, © ingenhoven associates GmbH

Energie braucht Design

„Energie ist die zentrale ***Antriebskraft*** *unserer Gesellschaft.“*

So lautet die These des international renommierten Vitra Design Museums in Weil am Rhein. Zugleich bezieht sich die These auf die Frage, wie sich die Wende hin zur Solar-, Wind- oder Wasserenergie auf unsere Städte und Landschaften einschließlich unserer Mobilität auswirkt. Sie stand im Mittelpunkt der Vitra-Ausstellung Transform! Design und Zukunft der Energie im Sommer 2024 (6).

Energie und Architektur sind heutzutage in der Planung von Infrastrukturen und Hochbauten untrennbar miteinander verbunden und müssen gemeinsam gedacht werden. Nachhaltige Lösungen haben zwar Priorität, sie sollten jedoch niemals den Anspruch auf Gestaltung und Ästhetik oder den Ressourcenschutz vernachlässigen. Architektur im globalen Sinne sollte vorrangig von einer Symbiose aus ästhetischer Gestaltung, kluger Materialwahl und technologischer Innovation geprägt sein.

Gleichzeitig wird der Diskurs um Effizienz und Effektivität immer dringlicher. Dieser Dialog zwischen wandelbarem Raum und Funktion, zwischen passender Form und ressourcenschonender Materialität kennzeichnet die aktuelle Entwicklung und bestimmt die Lösung für lebenswerte Lebensräume. Er wird künftig den Raum definieren, denn mit jeder Innovation eröffnet und erweitert dieser Dialog die Chancen, Räume nicht nur zu gestalten, sondern auch zu optimieren.

Eingebunden in Strategien gilt diese Perspektive gleichermaßen im Neubau und im Bestand, sowohl für den Menschen als auch für seine Umwelt. Die Strategien wertschätzen das Vorgefundene (den Bestand) und schaffen mit einem minimalen Eingriff eine maximale Qualität. Nachhaltigkeit bzw. nachhaltiges Bauen ist eine Gemeinschaftsaufgabe von Architekten und Ingenieuren. Sie passt in vielerlei Hinsicht ideal zum System unseres *Network of Excellence.*

Suffizient bauen bedeutet unter diesen Umständen vor allem mit dem Bestand agieren, so dass Veränderungen bereits heute mit modernen Mitteln möglich sind – anders planen, anders bauen.

Nachhaltigkeit braucht Design

Der deutsche Architektur- und Designtheoretiker Friedrich von Borries schreibt:

*„Welt ist Gegenstand und Ergebnis von **Design**. Design verändert die vorgefundene Welt, sie ist der Gegenstand von Design. Die Welt ist also nicht nur gegeben, sondern auch gemacht. Wir sind in eine Welt geworfen, die wir gestalten, weil wir in ihr leben."* [7]

Ganz in diesem Sinne auf einem weltumspannenden Designbegriff aufbauend hat der langjährige BKW Netzwerkpartner *ingenhoven associates* mit seinem beispielhaften und ganzheitlichen Ansatz weltweit ein Alleinstellungsmerkmal für sich und seine Auftraggeber entwickelt. Dafür wurde das Architekturbüro 2024 auf der 17. Verleihung des Deutschen Nachhaltigkeitspreises (DNP) mit dem Preis für Unternehmen ausgezeichnet.

Der DNP ist Europas größte Auszeichnung für ökologisches und soziales Engagement [8]. In der Laudatio wurden *ingenhoven associates* mit den folgenden Worten gewürdigt: „Mit inspirierend-funktionalem Design entwirft nachhaltige Architektur ein positives Zukunftsbild für urbane Räume – und harmonisiert klimaschonende Ressourcennutzung, technologischen Fortschritt sowie individuelle Wohn- und Nutzungsansprüche mit gestalterischer Qualität. Und das nicht nur bei Neubauten, sondern auch beim Erhalt und bei der Umnutzung bestehender Gebäude." [9]

Architektur und Ingenieurplanung mit der Methodenkompetenz einer Integralplanung beantwortet viele der drängenden Fragen des Klimaschutzes, der Klimaanpassung und der Kreislaufwirtschaft. Transformation gelingt dank geplanter Wiedernutzung von Baumaterialien, recyclebarem Beton oder Holz, natürlicher Dämmstoffe, wie z.B. Hanf oder Stroh, minimaler Betriebsenergie und Nutzung erneuerbarer Energien sowie flächensparendem Bauen mit minimaler Versiegelung, so folgert die Jury des DNP 2024. Und weiter heißt es:

*„**Vorbildliche Leuchtturmprojekte**, herausragende Quartierslösungen und smarte Gebäude mit Netto-Null-Effekt bringen die Bauwende voran. Dabei zählen der Lebenszyklus von der Rohstoffgewinnung bis zum Recycling der Materialien und die Erfüllung sozialer Ansprüche für das Wohnen und Arbeiten der Zukunft. Die Branche trägt die gestalterische Verantwortung für nachhaltige Stadtentwicklung mit mutigen Visionen und transformativen Konzepten. Sie schafft hohe Lebens- und Aufenthaltsqualität, multimodale Mobilität und nachhaltig organisierte Infrastruktur – und sie ermöglicht eine sozial-inklusive Stadtdurchmischung.“* (10)

Das Supergreen®-Konzept

ingenhoven associates sind seit ihrer Gründung 1984 ein Impulsgeber für den nachhaltigen Wandel im Hinblick auf die Konzeption, Planung und Ausführung von Architekturprojekten in Deutschland und auf internationaler Ebene (Luxemburg, Schweiz, Österreich, England, Japan, Hongkong, Singapur, Australien). Das Architekturbüro sendet als Gründungsmitglied der *Deutschen Gesellschaft für Nachhaltiges Bauen (DGNB)* aus dem *Network of Excellence* die richtigen Signale in die Branche und erfüllt gleichzeitig die Rolle eines Vorreiters. Aus dem holistischen Ansatz, das Bauen zukunftsfähig zu machen, erwuchs das Konzept *Supergreen®* als Maßstab für nachhaltiges Bauen, was von *ingenhoven associates* entwickelt und urheberrechtlich geschützt wurde. Es zielt auf die höchsten Standards der ökologischen und nachhaltigen Architektur.

„*Social return*“, Florenc21: Phase West, Prag (internationaler Wettbewerb, offen 09/2025), ingenhoven associates GmbH, © ingenhoven associates GmbH

Das Supergreen®-Konzept umfasst folgende Hauptmerkmale:

- **Klimaneutralität** – Während der Planung wird darauf geachtet, dass der Einsatz klimaschädlicher Gase (CO_2, Methan etc.) beim Bau und Betrieb zumindest reduziert oder sogar ganz ausgeschlossen wird, um die Beschleunigung des Klimawandels zu verhindern.
- **Kreislaufwirtschaft** – Nutzungsverlängerung von Bestandsbauten, flexible Gebäudekonzepte zur Verlängerung der Nutzungsdauer, Verwendung von Recyclingprodukten, demontierbare Konstruktionen, Dokumentation aller Materialien und Produkte (urban mining)
- **Soziale Nachhaltigkeit** – ingenhoven associates wirken darauf hin, dass bei Bauprojekten Räume und Funktionen für die Stadt und die Öffentlichkeit geschaffen werden. Inklusion, soziale Verträglichkeit, die Integration von Kunst und Kultur und Möglichkeiten für lokale Anbieter gehören ebenfalls zur sozialen Nachhaltigkeit.
- **Energieeffizienz** – Gebäude werden so entworfen und gebaut, dass sie nur einen minimalen Energieverbrauch haben. Dieses Ziel wird durch eine sinnvolle Kubatur, Kompaktheit sowie durch den Einsatz von modernster Dämmung, effizienter Heiz- und Kühltechnologien und intelligenter Gebäudesteuerung erreicht.
- **Erneuerbare Energien** – Nutzung von Solar- und Windenergie, Geothermie sowie anderen nachhaltigen Energiequellen, um den Energiebedarf der Gebäude zu decken.
- **Ressourcenschonung** – Verwendung umweltfreundlicher, recycelbarer und recycelter Materialien beim Bau und Betrieb der Gebäude. Dazu gehört auch der Einsatz von lokal verfügbaren Materialien, um Transportwege und die damit verursachten Emissionen zu minimieren.
- **Urbanes Grün** – Integration von Pflanzen auf Dächern und an Fassaden, um die Luftqualität zu verbessern, Regenwasser zurückzuhalten, Luftverschmutzung zu reduzieren, Lärm zu mindern, Biophilie und Biodiversität zu fördern sowie zur Dämmung und Kühlung der Gebäude und Stadtquartiere beizutragen.
- **Wasserwirtschaft** – effiziente Nutzung und Wiederverwendung von Wasser, Regenwassernutzung und Abwasseraufbereitung.
- **Gesunde Innenraumqualität** – Maximierung des natürlichen Lichtes und der Belüftung sowie die Verwendung von schadstofffreien Materialien, um ein gesundes Raumklima für die Nutzer zu gewährleisten.

ingenhoven associates haben bereits weltweit Gebäude geplant, die den höchsten Standards der Nachhaltigkeit entsprechen und bei den jeweiligen Zertifizierungen die besten Auszeichnungen erhalten haben.

Supergreen® geht allerdings durch seinen ganzheitlichen Ansatz über die Anforderungen dieser Nachhaltigkeitssysteme hinaus. Neben den klassischen Nachhaltigkeitsthemen wie Ressourcenschonung und Energieeffizienz berücksichtigen die Ambitionen von ingenhoven associates auch soziale und gesundheitsfördernde Aspekte von Gebäuden, Biophilie als Ausdruck unserer Verbundenheit mit der Natur, Kontextualität zur Integration von Bauwerken in die bestehende Umgebung und ihre Geschichte, Resilienz als Sicherung gegen zunehmende Gefahren infolge von Naturereignissen, als Schutz und Wiederherstellung von Ökosystemen und alternative Mobilitätskonzepte zur Ermöglichung einer Mobilitätswende.

Die gebaute Quintessenz von *Supergreen*® ist das über 400.000 m² große und 2017 fertiggestellte Büro- und Wohnquartier Marina One in Singapur [11]. Der nutzungsgemischte und hochverdichtete Gebäudekomplex setzt sich aus vier Hochhäusern zusammen, die in ihrer Mitte das sogenannte *Green Heart* – einen sich über mehrere Stockwerke erstreckenden öffentlichen Raum – bilden. Diese grüne Oase mit ihrer tropischen Flora ist in Singapur zum Sinnbild grüner Urbanität und Nachhaltigkeit geworden.

Das ***Network of Excellence*** ist seit vielen Jahren ein Impulsgeber für den nachhaltigen Wandel in der Planung und Ausführung von Architektur- und Infrastrukturprojekten.

1 Bundesarchitektenkammer, Statistik zu Büros in Deutschland: https://bak.de/kammer-und-beruf/daten-fakten/
2 Allgemeine Bauzeitung (ABZ), 24. Januar 2025, https://allgemeinebauzeitung.de/abz/baubranche-erneut-mit-auftragsplus-59176
3 Siehe Bundesarchitektenkammer: „Die durchschnittliche Bürogröße hat etwa auf durchschnittlich 4,6 tätige Personen zugelegt;
jedoch sind immer noch 89 % der Büros kleiner als 10 Personen. Anders betrachtet sind unter den in Planungsbüros arbeitenden Architekten
43 Prozent in diesen Büros mit mehr als 10 Personen tätig."
https://bak.de/presse/pressemitteilungen/aktuelle-strukturbefragung-der-kammermitglieder-liefert-neue-zahlen-zur-lage-des-berufsstands/
4 https://www.bauindustrie.de/zahlen-fakten/baukonjunktur/prognosen
5 Die hier vorgestellte Methode BEN wurde von dem Autor auf Grundlage praktischer Anwendungen bei BKW Engineering entwickelt und erstmals in diesem Buch beschrieben.
6 Siehe ferner: https://www.design-museum.de/de/ausstellungen/detailseiten/transform.html
7 Von Borries, Friedrich: Weltentwerfen: Eine politische Designtheorie, Edition Suhrkamp, Berlin 2016, S. 119
8 https://www.nachhaltigkeitspreis.de/
9 Deutscher Nachhaltigkeitspreis, Laudatio ingenhoven associates, o. D., URL: https://www.nachhaltigkeitspreis.de (Zugriff: 05.11.2025)
10 Ebd.
11 ingenhoven architects, Supergreen® – Statement, online unter: https://www.ingenhovenarchitects.com/supergreen-de/statement-de/ (abgerufen am 05.11.2025)
12 Baunetz: https://www.baunetz-architekten.de/ingenhoven-associates/31155/projekt/5270691.

1.3 Wer ist BKW Engineering?

Entwicklung und Struktur

Die Dachgesellschaft BKW Engineering ist ein Unternehmen der BKW AG und hat ihren Sitz in Berlin (Amtsgericht Berlin Charlottenburg HRB 211547 B). Die BKW AG ist ein führender Energie- und Infrastrukturdienstleister mit Hauptsitz in Bern, Schweiz. 1898 wird die *„Aktiengesellschaft Elektrizitätswerk Hagneck"* gegründet. Es ist eine Zeit der Pioniere und privaten Investoren, die die Möglichkeiten und Perspektiven der noch jungen Kraftwerkstechnik einschließlich der Übertragung von elektrischer Energie über größere Strecken erkennen. Die *BKW Aktie* wird seit 1969 an der Börse gehandelt und erfüllt heute die Voraussetzungen für die Aufnahme des Titels in den *Swiss Performance Index* (SPI). Als erstes börsenkotiertes Unternehmen der Schweiz lanciert die BKW AG 2019 eine grüne Anleihe (*Green Bond*).

Als ***Network of Excellence*** ist BKW Engineering eines von fünf Geschäftsfeldern (Business Areas) des schweizerischen Mutterkonzerns, der mit einer Drei-Säulen-Strategie die Erzeugung und den Handel von Energie, den Bau und Betrieb entsprechender Verteilnetze sowie die Planung von Gebäuden und Infrastrukturen jeglicher Art verfolgt.

Unser Netzwerk aus **Planungs-, Beratungs- & Prüfungsgesellschaften** ist fast ausschließlich hundertprozentiger Eigentümer der beteiligten Netzwerkpartner, die in vier Geschäftseinheiten – *Business Units* – organisiert sind: *Architecture & Design*, *Buildings & Construction*, *Infrastructure & Environment*, *Consulting & Testing*. Dem *Network of Excellence* steht ein Executive Management Board vor, das von geschäftsführenden Direktoren gemeinsam mit den Direktoren der vier Business Units aus den drei DACH-Regionen geführt wird.

Die Unternehmensleitung übernimmt die strategische und gesamtwirtschaftliche Verantwortung gegenüber dem Konzern und das Controlling der Geschäftseinheiten. Ihre Arbeit wird von zentralen *Shared Services* (u. a. Finanzen, Personalwesen, Kommunikation etc.) unterstützt, die die Netzwerkpartner bei ihrem Tagesgeschäft entlasten.

Das **Geschäftsmodell** dieser kollaborierenden Netzwerkplanung nennen wir *Networking Design*. Sinn und Zweck unseres Netzwerks bestehen darin, innerhalb der teilweise hoch spezialisierten und differenzierten Gestaltungs-, Planungs- und Dienstleistungsbereiche der Bauwirtschaft für unsere Auftraggeber, Bauherren und Kunden eine optimale Zusammenarbeit und Kooperation anzubieten. Es ist ein Service *alles aus einer Hand* bei höchster Konzentration und Synchronisation. Kernaufgabe von BKW Engineering ist es, nach dem Vorbild Integraler Planung, den Weg frei zu machen und so Exzellenz entstehen zu lassen oder zu bewahren.

„Nachhaltigkeit hat viele Perspektiven", Kleyerstraße, Frankfurt a. M., planquadrat Elfers Geskes Krämer GmbH, © Kirsten Bucher

Facts and Figures

BKW Engineering ist in der DACH-Region eines der größten Netzwerke mit dem Zusammenschluss unabhängiger bauwirtschaftlicher Planungs- und Beratungsgesellschaften. Derzeit sind wir mit Ansprechpartnern an über 90 Standorten in Deutschland, an 10 Standorten in Österreich und 20 in der Schweiz für unsere Auftraggeber vertreten. In den vier Business Units bilden sich unsere Kernkompetenzen ab.

Das BKW Engineering Netzwerk vereint in Deutschland, Österreich und der Schweiz (Stand 2024) über vierzig Architektur- und Ingenieurbüros (Business Departments, Netzwerkpartner) unter einem Dach. Rund ein Drittel der Muttergesellschaft BKW AG – circa 4.000 Mitarbeitende des Netzwerks – sind bereits heute in der Lage, grenzüberschreitend und interdisziplinär zu agieren. BKW Engineering gehört demnach zu den *Big-Five* der Netzwerkplaner im DACH-Raum und ist einer der größten Anbieter ganzheitlicher Architektur- und Ingenieurleistungen bis zu Projektsteuerungsaufgaben und Prüfunternehmen.

„Unsere Vision ist es, BKW Engineering als finanziell und strukturell starkes Network of Excellence zu positionieren und weiterzuentwickeln. ***Nachhaltiger Erfolg*** *entsteht durch fachlich kompetente Mitarbeitende, klare Führungsstrukturen, zukunftsorientierte technische Lösungen und effiziente Prozesse – so tragen wir zur Wertsteigerung von BKW Engineering und der gesamten BKW Gruppe bei.“*

Manuel Trösch

Business Unit – Architecture & Design (Gestaltung)

- Architektur
- Innenarchitektur
- Städtebau
- Landschaftsarchitektur
- Design

Business Unit – Buildings & Construction (Hochbau)

- General- und Objektplanung
- Standort- und Projektentwicklung
- Planung der Gebäudetechnik
- Tragwerksplanung und Bauphysik
- Internes Projektmanagement
- Energiekonzeption und -beratung

Business Unit – Infrastructure & Environment (Infrastruktur)

- Höherrangige und städtische Verkehrsinfrastrukturen
- Mobilitätskonzepte und Verkehrsplanungen
- Brücken- und Ingenieurbau
- Umwelt und Landschaftsökologie
- Siedlungswasserwirtschaft
- Überflutungsschutz und Starkregenvorsorge
- Wasserbau und Wasserversorgung
- Energie, Netze und Regenerative Systeme
- Industrial Engineering und Anlagenplanungen
- Geotechnik und Geomatik
- Baustoff- und Materialprüfungen

Business Unit – Consulting & Testing (Prüfung)

- Projektsteuerung (Bauherrnvertretung)
- Projektmanagement
- Immobilienentwicklung und Wertoptimierung
- Verfahrensbetreuung
- Technische Due Diligence
- Facility-Management
- Vertrags- und Konfliktmanagement
- Bankenmonitoring
- Baugrunduntersuchungen (Bodenmechanik und Altlasten)
- Bauzustandserfassung und Beweissicherung
- Zerstörungsfreie und zerstörende Bestandsprüfungen

*„Ob alpiner Raum oder verdichtete Innenstadt – **anspruchsvolle Lebensräume** brauchen präzise Planung und vorausschauende Konzepte. Im Netzwerk von BKW Engineering entwickeln wir integrierte Infrastrukturlösungen, die Mobilität ermöglichen, Landschaft bewahren und Zukunft gestalten."*

Robert Wendlinger

„*Wenn Infrastruktur unsere Mobilität steigert*", Innenstadtentlastung, Graz, IKK Group GmbH, © IKK Group GmbH

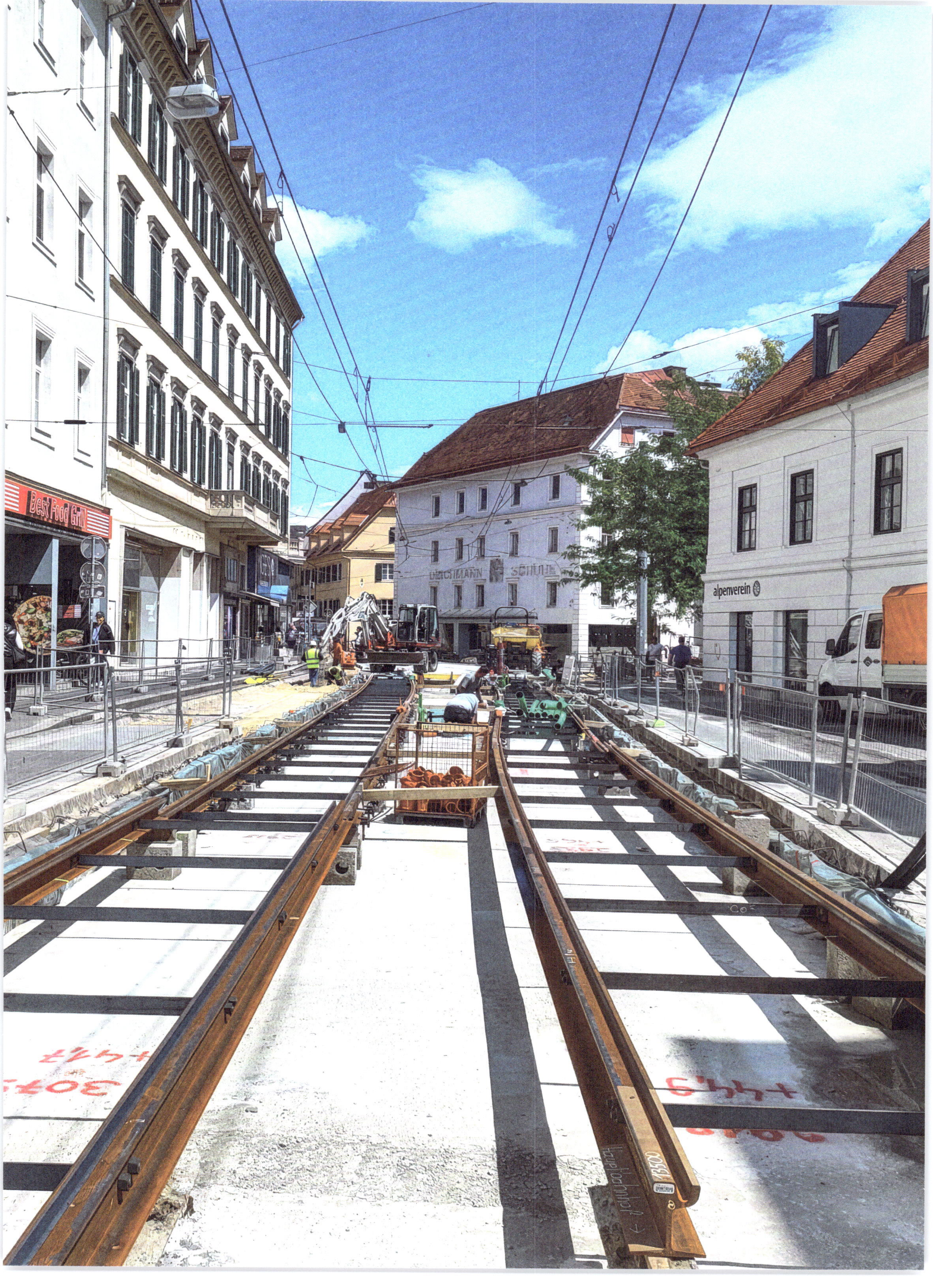

Best Food Grill
alpenverein

Meilensteine von BKW Engineering in der DACH-Region

2015 Gründungsjahr
Ein international tätiges Energie- und Infrastrukturunternehmen mit Gesamtlösungen in den Bereichen Energie, Gebäude und Infrastruktur. Zu Beginn wenige Projekte, erste Unternehmen im Netzwerk mit 176 Mitarbeitenden.

2016 Fokus auf die DACH-Region
Aufbau des Leistungsbereichs Infrastruktur mit 750 Mitarbeitenden und Kauf des ersten Großunternehmens im Netzwerk.

2017 weiteres Wachstum
Neuer Wachstumstreiber: Generalplanung und Projektsteuerung für Großprojekte, Verdoppelung auf 1.500 Mitarbeitende, Kauf des größten Netzwerkunternehmens.

2018 große Engineering-Gruppe
Ausbau auf 29 Unternehmen und 108 Standorte sowie Stärkung im Bereich technische Gebäudeausrüstung.

2019 ausgezeichnete Architektur
Weiteres Wachstum in den Bereichen Energie, Umwelt und Infrastruktur, Stärkung des Netzwerks durch international ausgezeichnete Architektur.

2020 große Netzwerkprojekte
Wachstum trotz Covid-19-Pandemie und erstes gemeinsames Großprojekt im Netzwerk, Gründung der BKW Engineering SE und des Innovation Centers.

2021 Ausbau der Zusammenarbeit
Mit Synergien zum Erfolg: 53 Unternehmen, Akquisition von nationalen und internationalen Großprojekten und 3.261 Mitarbeitenden.

2022 Führungswechsel und Zukunftsvision
Organisatorische Restrukturierung, Erweiterung der *Shared Services* und Entwicklung der zukünftigen Strategie im Segment *Infrastructure & Buil*dings der BKW Engineering AG.

2023 Restrukturierung und Rebranding
Etablierung einer stabilen Organisationsstruktur im Netzwerk für künftiges Wachstum, klare Festlegung der P&L-Verantwortung.

2024 Kern- und Einzelmarkenstrategie
Die Dachgesellschaft BKW Engineering AG bietet als *Dachmarke* die Rahmenbedingungen zur Excellence im Projekt (Strategie, Controlling, Repräsentanz). Der Fokus liegt auf der Entwicklung der *Kernmarken* durch die Bündelung von Kompetenzen der Generalplanung und auf der Schaffung von Synergieeffekten durch die Zusammenführung von Gesellschaften. Hier wirkt das Prinzip: *Cross Innovation (sich gegenseitig stark machen*) in der *Methode BEN* als sogenannte *Shared Design Economy* mit Regionalität und geografischer Abdeckung.

Für eine *Einzelmarke* ist die relevante Erkennbarkeit im Markt erforderlich, um die Bewahrung ihrer individuellen Marktqualität und -historie sicherzustellen. Diese Option besteht für alle M&A-Aktivitäten von BKW Engineering, die als *Touchpoint & Markt-Enabler* agieren. Es handelt sich vielfach um Architekten, Projektmanager oder Experten, die in der Regel frühzeitiger *am Projekt* sind.

2025 *BEN Masterplan 2030*
Übertragung der Unternehmensstrategie BKW Solutions 2030 auf Maßnahmen der Area BKW Engineering. Dabei handelt sich um die weitere Harmonisierung des Netzwerks zur Optimierung der Zusammenarbeit und das Schaffen vergleichbarer Arbeitsbedingungen mit einem Fokus auf das *Employer Branding* für die Mitarbeitergewinnung. Die Etablierung einer gemeinsamen Wertekultur und Förderung in Hinblick auf *Cross Innovation* (*Wissensaustausch)* sowie Ausbau der Optionen zum *Cross Selling* (aktive Angebote an externe Auftraggebende durch weitere projektdienliche Leistungen aus dem Netzwerk).

„*Shared Spaces*", Rathaus der Zukunft, Berlin (internationaler Wettbewerb, offen 09/2025), ingenhoven associates GmbH, © ingenhoven associates GmbH

Gewonnene Netzwerkpartner

AEP Planung und Beratung GmbH, AT, Schwaz
ahochn AG, CH, Dübendorf
Aicher, De Martin, Zweng AG, CH, Luzern
AMP Parking Europe GmbH, DE, Karlsruhe
Arnold und Gladisch Objektplanung Generalplanung GmbH, DE, Berlin
Assmann Beraten + Planen GmbH, DE, Berlin
Assmann Climaplan GmbH, DE, München
Assmann Emutec GmbH, DE, Norderstedt
Balzer Ingenieure AG, CH, Chur
BKW Engineering Romania S.r.l., RO, Bukarest
BSP Brandschutz GmbH, DE, Eckernförde
DCMvn CO.,Ltd, VNM, Ho Chi Minh City
DfN Dienstleistungen für Nukleartechnik GmbH, DE, Heidelberg
Enerpeak AG, CH, Dübendorf
EWIS GmbH, DE, Speyer
Frey+Gnehm Ingenieure AG, CH, Olten
Geotechnik Tauchmann GmbH, AT, Steinhaus
Hascher Jehle Gruppe, DE, Berlin
IFB Eigenschenk GmbH, DE, Deggendorf
IHB Lindschulte Ingenieurgesellschaft mbH, DE, Leipzig
IKK Group GmbH, AT, Graz
Infragon Ingenieure AG, CH, Burgdorf
ingenhoven associates GmbH, DE, Düsseldorf
Ingenieurbüro Prof. Dr.-Ing. Vogt Planungsgesellschaft mbH, DE, Leipzig
InstitutDr.-Ing. Gauer Ingenieurgesellschaft mbH, DE, Regenstauf

IWM AG, CH, Monthey
KAE GmbH, DE, Hausen
KFP Ingenieure GmbH, DE, Buxtehude
KFP Prüfingenieure GmbH, DE, Buxtehude
KMT Planungsgesellschaft mbH, DE, Hamburg
Lindschulte Ingenieurgesellschaft mbH, DE, Nordhorn
Lindschulte Ingenieurgesellschaft mbH Ammersee, DE, Ammersee
Lindschulte Ingenieurgesellschaft mbH Kaiserslautern, DE, Kaiserslauteren
Lindschulte Ingenieurgesellschaft mbH, DE, Regensburg
Marcel Rieben Ingenieure AG, CH, Bern-Liebefeld
OSD GmbH, DE, Frankfurt a.M.
plan & co. das zeichenbüro gmbh, DE, Gilching
plan & co. das zeichenbüro gmbh, AT, Wiener Neudorf
planquadrat Elfers Geskes Krämer GmbH, DE, Darmstadt
Planungsgruppe Schweitzer GmbH, DE, Braunschweig
Podufal-Wiehofsky Generalplanung GmbH, DE, Löhne
ProBAS AG, CH, Weier im Emmental
R&P RUFFERT Ingenieurgesellschaft mbH, Limburg, DE, Limburg
Ranner Projektmanagement GmbH, DE, München
Stein und Partner Projektmanagement GmbH, DE, München
studio grüngrau GmbH, DE, Düsseldorf
TBH Ingenieur GmbH, AT, Graz
TROPP LIGHTING DESIGN GmbH, DE, Weilheim
WALD + CORBE Consulting GmbH, DE, Hügelsheim

Stand 08/2025, in alphabetischer Reihenfolge

ØSTU
STETTIN

Anspruch und Ambition des *Network of Excellence*

Das *Network of Excellence* ist für BKW Engineering Anspruch und Ambition auf der Basis von Know-how aus einer Hand. Es ist ein Netzwerk aus Planungs- und Beratungsgesellschaften mit dem eindeutigen Bestreben, diesen Anspruch im Projektalltag spürbar werden zu lassen:

- **herausragende Leistung** – überdurchschnittliche Ergebnisse und Performance, die deutlich über dem Standard liegen sollen, wenn es das Projekt ermöglicht.
- **Streben nach Perfektion** – nach dem Vorbild des lean design kontinuierliche Bemühungen, um Fähigkeiten und Prozesse zu verbessern und zu optimieren.
- **Engagement und Hingabe** – hohe Motivation und Einsatzbereitschaft, um gemeinsam mit dem Auftraggeber Ziele zu erreichen und Herausforderungen zu meistern.
- **Qualität und Präzision** – Fokussierung auf die Erzielung von angemessener Qualität und Genauigkeit in allen Tätigkeiten.
- **Innovation und Kreativität** – Forderung von Innovation und Förderung einer Angemessenheit, um die Entwicklung neuer und kreativer Ansätze zur Problemlösung und Verbesserung zu ermöglichen.

Unsere Architekten und Ingenieure denken stets vorausschauend in Lösungen. Sie agieren nach drei einfachen Kriterien und dem Grundsatz *ein Netzwerk*, *ein Team*, *ein Partner*:

- **Verantwortung bedeutet** – BKW Engineering übernimmt Qualitäts-, Kosten- und Terminverantwortung bei hoher wirtschaftlicher Projektstabilität.
- **Sicherheit bedeutet** – BKW Engineering fördert und fordert Unternehmertum in einem stabilen Netzwerk, das Mehrwerte für Menschen und Umwelt erzeugt.
- **Kreativität bedeutet** – BKW Engineering ist in der Lage, mit eigenen Mitarbeitenden alle Leistungen anzubieten, die für die Planung einer Stadt der Zukunft erforderlich sind.

„Niemand steigt in den Bus ein, der das Spiel nicht gewinnen will."

Frei nach Roman Weidenfeller, ehemaliger Fußball-Nationaltorhüter und Weltmeister 2014, Auszug aus einem Podiumsgespräch mit Ingo Anderbrügge (Expo Real 2025) auf Nachfrage eines Moderators zum Thema Ansporn & Anspruch.

„*Die Faszination der Erde*", S6 Semmering Schnellstraße, GE Tunnelkette Semmering, IKK Group GmbH, © IKK Group GmbH

Der BEN 360 Ansatz

Das Geschäftsmodell eines *Networking Designs* – unserer kollaborierenden Netzwerkplanung – bildet die Voraussetzung für eine zukünftige standortübergreifende und DACH-weite gemeinsame Struktur. Sie wird als Unternehmensstrategie durch den *BEN Masterplan 2030* etabliert.

Die Markenstrategie 2025 ist Teil der vorgenannten Unternehmensstrategie *BEN Masterplan 2030* – sie übersetzt die Vision und Ziele des Unternehmens in eine emotionale, differenzierende Markenerfahrung. Während die Unternehmensstrategie den übergeordneten Plan zur Erreichung der wirtschaftlichen Ziele abbildet, ist die Markenstrategie unser langfristiger Plan für die weitere Positionierung der *Marke BEN* im Markt und in den Köpfen der Zielgruppen.

Der Fokus liegt auf Wahrnehmung, Werte und Differenzierung und liefert als Ergebnis eine Markenpositionierung und ein Markenerlebnis mit Identität und einheitlicher Tonalität. Außerdem wird die Frage beantwortet: „*Wofür steht BKW Engineering?*" Antwort: ***„Wir sind das Network of Excellence!"***

Wir erreichen *Excellence* durch eine einzigartige Form der Zusammenarbeit im Netzwerk. Exzellent in unserem Sinne ist eine Lösung, wenn sie für Mensch, Umwelt und Gesellschaft Fortschritt bedeutet und den Wandel zu einer dauerhaft lebenswerten Welt vorantreibt. Das erreichen wir, indem wir die Stärken verantwortlich agierender Ingenieure, Architekturschaffender und Expertinnen in einer nachhaltigen Integralplanung zusammenbringen.

„*Excellence in der Form*", Innovation Center Heraeus, Hanau, planquadrat Elfers Geskes Krämer GmbH, © EMILBLAU / Martin Geyer

Diese Strukturüberlegungen und ein wirtschaftlich positives Umfeld haben dazu geführt, dass sich das Unternehmen in den letzten zehn Jahren mit erheblichen Wachstumsraten positiv entwickelt hat. So wurden 2025 ergänzende Strategieüberlegungen notwendig, die nun zu einer Fortschreibung der bisherigen Organisation geführt haben und für die weitere Entwicklung des Unternehmensnetzwerks die erforderliche stabile wirtschaftliche Sicherheit bieten. BKW Engineering entwickelt sich von einem *stillen Investor* zu einem *aktiven Unterstützer* im beruflichen Alltag der Netzwerkpartner.

> Für uns gilt daher Service und nicht Regulierung, Support und nicht Beherrschung, jedoch all dies nach den Gesetzmäßigkeiten eines gemeinsamen Marken- und Marktauftritts. Es geht um die Bereitstellung belastbarer Strukturen und Methodenkompetenzen zum Teilen von Kapazitäten, Kompetenzen oder Wissen und Erfahrungen Einzelner für alle im *Network of Excellence*.

Die Ausarbeitung der Markenstrategie basierte unter anderem auf dem offiziellen *Brand-Holosphere-Modell*[(1)]. Es übersetzt das Unternehmen BKW Engineering in ein strategisches System einer Marke, das Innen und Außen verbindet. Grundlage bilden: interne Marken- und Kulturquellen, Branchen- und Zielgruppenanalysen, Markt- und Technologietrends, Erkenntnisse aus dem *BEN 360-Framework*.

Die Struktur Holosphere gliedert sich in drei Sphären: *Market Sphere* – Außenperspektive (Kunde, Markt, Wettbewerb), *Positioning Sphere* – strategische Einordnung & Differenzierung sowie *Identity Sphere* – innere Markenidentität & Handlungsrahmen.

Das Modell erzeugt daraus ein Narrativ, in dem sich aus den Erkenntnissen der Außenperspektive eine strategische Chance ergibt, die auf vom Wettbewerb nicht erfüllten Kundenwünschen beruht und von der Marke in all ihren Facetten (Kompetenzen, Benefits, Experience) genutzt wird.

Strategic Opportunity
BKW Engineering ist ein Dienstleister, der wie kaum ein anderer dauerhaft zukunftsfähige Gebäude und Infrastrukturen plant und gestaltet, indem er eine einzigartige Leistungsfähigkeit und Form der Zusammenarbeit (Netzwerk) mit einer einzigartigen Haltung und Zielsetzung (Exzellenz) verbindet.

> Sozialer Fortschritt beginnt mit **Verantwortung** – durch vernetztes Denken in Architektur und Infrastruktur schaffen wir Lösungen, die den Wandel zu einer dauerhaft lebenswerten Welt vorantreiben.

Daraus ergibt sich die Option für eine erweiterte Positionierung von BKW Engineering, weil sie ein *Möglichmacher* für systemische Planungslösungen ist, die eine soziale Wirkung erzielen. Mit dem *BEN 360-Ansatz*, einem starken Netzwerk und dem strategischen Denken der Architektur und dem Ingenieurwesen verbinden wir Expertise mit Verantwortung. Unsere Stärke liegt in der Fähigkeit, Komplexität zu orchestrieren und Vertrauen zu erzeugen – durch Qualität, Transparenz und Klarheit.

Brand Benefits (Mehrwerte)

- **Sicherheit** – Leistungs- und Lösungsfähigkeit des größten Netzwerks unabhängiger Architekten, Ingenieure und Experten in der DACH-Region.
- **Lebensqualität** – gestalterische und planerische Verantwortung für Gebäude und Infrastrukturen, die wirksamer Bestandteil einer dauerhaft lebenswerten Welt und Umwelt sind.
- **Wettbewerbsfähigkeit** – technisch, ökologisch und sozial zukunftsweisende Lösungen.

Funktionale Benefits (zusammengefasst): Architektur, Engineering, Consulting und Zertifizierung *aus einer Hand*, Integralplanung als Standard mit dem Zugriff auf 4.000+ Experten in 40+ Gesellschaften in der DACH-Region, dem Wissensmanagement durch *BEN 360*, einem internen Tool (work in progress), das der Verfügbarkeit von Wissen dient. Es ist ein Entwicklungsschritt hin zu einem virtuellen Assistenten, der als digitaler Kollege die zukünftige Arbeit eines jeden Einzelnen verbessern soll: seine Konnektivität, seine Zugänglichkeit zu Informationen und der Zeitgewinn, der gewährleistet, sich mit wesentlichen Entscheidungen zu beschäftigen.

Psychosoziale Benefits (zusammengefasst): Vertrauen und Sicherheit in den Arbeitsplatz, Teil eines sinnhaften Netzwerks sein, stolz auf eine nachhaltige Wirkung des eigenen Schaffens und eine Orientierung in einer zunehmend komplexer werdenden Welt sein.

Brand Experience
BKW Engineering soll im Markt als Partner und Arbeitgebender erlebt werden, der Komplexes einfach macht, Verantwortung für alle plan- und gestaltbaren Parameter des Projekts übernimmt sowie Exzellenz im Sinne dauerhaft lebenswerter Lösungen anstrebt und eine besondere Form der Partizipation im Netzwerk fordert und fördert.

Wir schaffen durch Vernetzung und Verantwortung Lösungen, die Bestand haben.

Brand Purpose
Wir als *Network of Excellence* glauben an Verantwortung auch als Hebel für sozialen Fortschritt. Wir ermöglichen exzellente Planungslösungen für eine lebenswerte Zukunft, die im Wesentlichen auch durch ihre gebaute Umwelt geprägt wird – durch vernetzte Verantwortung und die Kraft kollektiver Kompetenz. Dieser Purpose schlägt die Brücke zwischen sozialem Anspruch und planerischer Exzellenz. Er stiftet Sinn, Differenzierung und Anschlussfähigkeit an das Markensystem. Und er verbindet eine ethische Haltung mit unserem Leistungsversprechen. Diese Grundhaltung ist hundertprozentig anknüpfbar an die Konzernwerte der BKW AG und steht somit in direkter Linie zur gesamten BKW-Gruppe, die mit ihrem weitreichenden Angebot von Energie über Netze hin zu Infrastrukturen und Gebäuden soziale Verantwortung für ihre Produkte übernimmt.

Für eine lebenswerte Zukunft durch exzellente **Gebäude und Infrastrukturen**.

Value Proposition
Daraus resultiert eine BKW Engineering-Mehrwertbestimmung, die sich wie folgt zusammenfassen lässt:

> Wir sind **BKW Engineering**, das größte Netzwerk unabhängiger Ingenieure, Architekturschaffender und Expertinnen im DACH-Raum. Wir ermöglichen exzellente Planungslösungen für eine lebenswerte Zukunft – durch vernetzte Verantwortung und die Kraft kollektiver Kompetenz. Unsere Lösungen für Gebäude und Infrastrukturen schaffen Sicherheit, Lebensqualität und Wettbewerbsfähigkeit in immer komplexer werdenden Anforderungssituationen und haben als wirksamer Beitrag zu einer **dauerhaft lebenswerten Welt** wirtschaftlich, technisch und sozial Bestand.

BEN Vision
Wir wollen die führende Denk- und Umsetzungskraft für zukunftsfähige Gebäude und Infrastrukturen im DACH-Raum sein.

> Wir stehen für vernetzte Planung, systemische Lösungen und wirksame Kollaboration – durch das ***Network of Excellence***, das Gebäude und Infrastrukturplanung als strategische Haltung versteht.

Vision und Mission verdeutlichen den Anspruch, Gebäude und Infrastruktur nicht nur konstruktiv, funktional und schön anzusehen, sondern auch sozial und kulturell prägend zu gestalten. Sie gibt eine ambitionierte Richtung vor und macht unser Selbstverständnis als *Network of Excellence* greifbar und spürbar.

Kreis
Ganzheitlich,
Vollständigkeit,
Unendlichkeit

Quadrat
Stabilität,
Ordnung,
Rationalität

Dreieck
Dynamik,
Bewegung,
Richtung

Kreis, Quadrat und Dreieck

Das **Bauhaus** wurde 1919 von Walter Gropius in Weimar, Deutschland gründet und entwickelte sich zu einer einflussreichen Kunstschule, deren Einfluss heute noch spürbar ist. Herangehensweise, Kombination von Handwerk und Kunst sowie die Integration von Technologie und Funktionalität in den Entwurf war richtungsweisend. Diese *Methodenkompetenz* hat die moderne Architektur, Design und Kunst entscheidend geprägt und viele bedeutende Künstler und Designer hervorgebracht.

Das ***NEW Bauhaus*** ist 2025 Teil der europäischen Initiative *New European Bauhaus* (NEB), die bereits 2020 von der Europäischen Kommission mit dem Ziel gestartet wurde, den *Green Deal* der EU vor Ort wirksam werden zu lassen und sich aktiv für die Umsetzung der Grundprinzipien Nachhaltigkeit, Ästhetik sowie gesellschaftliche Teilhabe zu engagieren. Die Aspekte europäisch vernetzt, interdisziplinär gedacht, lösungsorientiert gestaltet sind durchaus vergleichbar mit der Arbeitsweise unseres *Networking Designs.* Daher bedienen wir uns dieser Key-Visuals und ihren klassischen Bedeutungsebenen von Kreis, Quadrat und Dreieck aus dem Bauhaus-Kontext:

Der Kreis repräsentiert Harmonie, Ganzheit und Unendlichkeit. In der Bauhaus-Architektur und Design wurde er eingesetzt, wenn ein Raumgefühl der Vollkommenheit oder Kontinuität vermittelt werden sollte. Für BEN steht er für einen Standpunkt, eine Haltung und die Schönheit (lat. venustas) eines Ideals guter Zusammenarbeit.

Das Quadrat steht für Stabilität, Ausgeglichenheit und Struktur. Im Bauhaus-Design wurde es häufig genutzt, um Ordnung und Präzision zu betonen. Die klare und einfache Form des Quadrats schien ideal für funktionale und praktische Designs. Für BEN ist es stellvertretend für geordnete Prozesse mit eindeutigen Zuständigkeiten sowie allgemein für klare Konstruktion (lat. firmitas).

Das Dreieck symbolisierte Dynamik und Bewegung, um Spannung und Energie zu erzeugen. Die Form des Dreiecks kann Richtung oder Veränderung darstellen. Für BEN ist es Ausdruck für den Mannschaftsgeist und die Impulskraft gemeinsam voran zu machen sowie den Anspruch Aufgabe, Ort und Funktion (lat. utilitas) optimal umzusetzen.

Diese Grundformen sind daher nicht nur zentrale Elemente in der Bauhaus-Gestaltung, die Prinzipien der Klarheit, Funktionalität und Moderne verkörpern, sondern sie werden in unserer Kommunikation eingesetzt, um sowohl ästhetische als auch praktische Aspekte in der *Shared Design Economy* unseres *Network of Excellence* zu betonen.

Integralplanung

BKW Engineering ist auf die Kernkompetenz General- oder Integralplanung für den Hochbau und die Infrastruktur spezialisiert. Zusätzlich flankieren zukünftig die beiden *Business Units* Architecture & Design und Consulting & Testing das Gesamtangebot. Sie sollen als Entwurfs- und konzeptstarke Eigenmarken eine Maximierung der frühzeitigen Zugänglichkeit in den jeweiligen Markt ermöglichen. Hierbei wird auf die Erfahrung der eigenen Mitarbeitenden und auf den Ausbau der Leistungsfähigkeit des BKW Engineering Netzwerks durch den Aufbau von Spezialkompetenzen zurückgegriffen. Ein Teil der Strategie ist anorganisches Wachstum.

> *„Integralplanung ist der Schlüssel, um komplexe Projekte jeder Größenordnung kostenoptimiert und terminsicher mit einem minimalen Aufwand für unsere Auftraggeber zu realisieren. Mit der* ***gebündelten Kompetenz*** *des BKW Engineering Netzwerks können wir sämtliche Planungs- und Beratungsleistungen mit eigenen erfahren und hochqualifizierten Mitarbeitenden erbringen – von der ersten Skizze bis zur finalen Umsetzung."*
>
> **Christian Wolff**

BKW Engineering ist folglich ein ganzheitliches Netzwerk aus Architekten und Ingenieuren, die eine zukunftsweisende Infrastruktur, lebenswerte Stadtquartiere und klimagerechte Gebäude aller Art planen, beraten und steuern. Integralplaner können mit der Generalplanung und dem Projektmanagement für die gesamte Wertschöpfungskette von A wie Architektur bis Z wie Zertifizierung die gesamten Planungs- und Beratungsleistungen anbieten.

BKW Engineering fördert durch den kontinuierlichen Ausbau zusätzlicher Kapazitäten und Kompetenzen eine spezifische Erweiterung des Leistungsspektrums. Ziel ist es, ein umfassendes Angebot machen zu können, eine bessere Marktwahrnehmung zu erreichen und eine führende Marktposition einzunehmen.

Zu diesem Zweck werden gezielte Akquisitionen in den *White Spots* – d. h. in Leistungsbereichen, die im Leistungsangebot eines Netzwerkplaners bisher fehlten – in allen drei Ländern der DACH-Region identifiziert und entwickelt. Diese Akquisitionen sind keine Selbstläufer, sondern entsprechend den Marktopportunitäten bedarfsgerecht konzipiert. Zur Stabilisierung des Managementmodells wird grundsätzlich eine Diversifikation der Tätigkeitsfelder und Kundenbreite in den einzelnen Marktsegmenten angestrebt.

„***Integralplanung*** *heißt, schon früh die richtigen Weichen zu stellen – technisch, gestalterisch und energetisch. Mit intelligenter Gebäudetechnik schaffen wir Ausblicke, die über das Sichtbare hinausgehen: hin zu nachhaltigen Lösungen, die Architektur, Energieeffizienz und Komfort nahtlos verbinden.*“

Andreas Krieg

„*Licht betont Struktur*", Knies Zauberhut, Rapperswil, Enerpeak AG, © Knies Zauberhut

Mehrwert, was ist das?

Was ist der viel beschworene *Mehrwert*, den wir erzeugen wollen? Der Begriff *Mehrwert* bezeichnet den zusätzlichen Nutzen oder Wert, den eine Person, ein Büro, ein Produkt oder eine Dienstleistung sowie ein Unternehmen oder Netzwerk über den Basiswert hinaus bietet. In der Bau- und Planungsbranche kann Mehrwert in verschiedenen Kontexten und Formen auftreten:

Wirtschaftlicher Mehrwert im Projekt

Im wirtschaftlichen Sinne bezieht sich unser Mehrwert, den wir anstreben, auf den Wert, der durch zusätzliche Prozesse (z. B. Methodenkompetenz, integrale Planung), Dienstleistungen (z. B. Ökobilanzierung, Ressourcenpass, Zertifizierung, Auditieren, ESG-Maßnahmen etc.) oder Innovationen (z. B. *Power to Heat*) geschaffen wird. Ein Mehrwert kann durch verbesserte Produkt- bzw. Angebotseigenschaften, d. h. durch zusätzliche Dienstleistungen (z. B. internes Projektmanagement, Generalplanung etc.) oder eine erhöhte Effizienz durch die frühzeitige Einbindung von Fachplanungen und Spezialkompetenzen erreicht werden.

Sozialer Mehrwert im Projekt

Sozialer Mehrwert bezieht sich auf den zusätzlichen Nutzen, den der Generalplanende oder das *Network of Excellence* für den Auftraggebenden und die Gesellschaft schafft. An dieser Stelle setzt der Markenanspruch der BKW AG an: „*Wir machen Lebensräume lebenswert.*" Dieses Ziel kann zum einen durch Nachhaltigkeitsinitiativen (CO_2-Fußabdruck oder Rückbaufähigkeit) oder die Förderung von Gemeinschaftsbereichen (z. B. die Schaffung halböffentlicher Begegnungsräume im Quartier) erreicht werden.

Persönlicher Mehrwert im Projekt

Persönlicher Mehrwert bezieht sich allgemein auf den zusätzlichen Nutzen, den eine Person durch Weiterbildung, persönliche Entwicklung oder den Erwerb neuer Fähigkeiten – u. a. auch im Sinn von Karrierechancen – erfährt. Die Vermeidung von interaktiven Reibungsverlusten ist heutzutage eine der wesentlichen Stellschrauben für die Vermeidung von Mehrkosten, die z. B. durch Zeitverzögerung entstehen. Daher streben wir eine wahrnehmbar unterschiedliche Art der kommunikativ-sozialen Interaktion an. Zum einen innerhalb von BKW Engineering und zum anderen in Richtung unserer Auftraggebenden und Projektpartner. Wir bauen darauf, dass zukünftig dieser lösungsorientierte Umgangston und das anerkennende Miteinander als Qualitätsmerkmal im Alltag spürbar werden.

Daher pflegen wir die *Methode BEN*, die übertragen lautet: „*Let's be kind to the world! / Sei achtsam im Umgang mit der Welt!*" Es ist unsere Netzwerkkultur, die uns unter- und miteinander antreibt. Sie soll im Alltag unserer Projekte spürbar werden und sich als Mehrwert für unsere Kunden zeigen. Mehrwert ist in diesem Sinne ein zentraler Aspekt in verschiedenen Bereichen und trägt dazu bei, den Gesamtnutzen und die Zufriedenheit der beteiligten Parteien zu erhöhen.

„*Licht inszeniert den Raum*", Grandhotel Park, Gstaad, Enerpeak AG, © Real Estate Development

Rotes Rathaus
A
WC
Spandauer Str.
Schloßplatz
200, 300

Der Mehrwert von BKW Engineering für Auftraggebende und Kunden?

Eine Chance auf eine höhere Projektgeschwindigkeit und weniger Risiko für Reibungsverluste ist gewährleistet, wenn ein eingespieltes Team, eine Mannschaft *auf dem Platz steht*. Fazit: *je früher, desto günstiger, je später, desto teurer.* Die Vermeidung unnötiger Umplanungen ist eine dringende Empfehlung. Durch eine im Markt überwiegend den Leistungsphasen folgende, sequenzielle und späte Einbindung der Fachplaner, was bei vielen Bauprojekten der Fall ist, kommt es mit hohem Risiko zu Terminverzögerungen. Damit einhergehende Mehrkosten sind daher zu reduzieren und das erklärte Ziel bleibt der übergeordnete Mehrwert: *weniger Ärger im Projekt*.

Der Mehrwert von BKW Engineering für die eigenen Netzwerkpartner?

Es ist eine Chance für den Einzelnen, im Markt stärker auftreten zu können, aber auch ein Risiko, mit *fremden* Planern zusammenarbeiten zu müssen, die unter Umständen die eigene Arbeitsweise nicht kennen oder nicht der Devise *Viele Wege führen nach Rom* folgen wollen. *Networking Design* ist keine lästige Verpflichtung, sondern eine mehrwertschaffende Option für die Auftraggebenden und Planenden.

Das Teilen von Kapazitäten, Kompetenzen und Wissen wird zu unserer Grundhaltung bei BKW Engineering, die die Zukunft sichert und Alternativen bietet. Deswegen lauten unsere Grundsätze:

Gemeinschaft stärken
Wissen teilen
Mehrwerte schaffen

„*Architektur trifft Mobilität*“, U-Bahnhof Rotes Rathaus, Berlin, collignon architektur GmbH, © janbitter.de

Der Mehrwert von BKW Engineering für alle fachlich an der Planung Beteiligten?

Das *Network of Excellence* ist von einem ausgeprägten Mannschaftsgefühl gekennzeichnet, das den Fokus auf das Wesentliche ermöglicht, weil Aufgaben, die übergeordnet (*corporate*) leichter und eventuell besser erledigt werden können, von inhaltlich orientierten *Shared Services* übernommen werden. Dieses föderale Prinzip konzentriert sich auf die Themen (z. B. *Roles & Responsibilities*), die eine Entlastung im Projekttagesgeschäft bewirken sollen. Mehraufwand in der Bedienung optimierter Prozesse muss zum Nutzen für das jeweilige Architektur- oder Ingenieurbüro im Netzwerk immer in einer Balance bleiben. Der damit einhergehende Skalierungseffekt ist ein zentraler Mehrwert für BKW Engineering.

Aus diesem Grund ist BKW Engineering mittlerweile der größte Zusammenschluss unabhängiger Planungs- und Beratungsgesellschaften in der DACH-Region, um die Stärken von Architekten und Ingenieuren in einem *Network of Excellence* miteinander zu verbinden.

Auf welche Weise BKW Engineering diese Mehrwerte schafft, bezieht sich auf drei Wesensmerkmale, die für uns im Alltag Anspruch und Ambition sind:

- ***gemeinschaftlich*** – ein umfassendes Portfolio aus einer Hand für eine multidimensionale, komplexe und nachhaltige Integralplanung.
- ***kollaborativ*** – Netzwerkplanung bzw. Networking Design als Idealform der Zusammenarbeit von Architekten, Ingenieuren und Spezialisten.
- ***kundenzentriert*** – Verantwortung übernehmen, Kompetenz sichern und Vertrauen durch Kundennähe schaffen.

*„**Unsere Stärke liegt in der Vielfalt** und Kompetenz unserer Mitarbeitenden. Indem wir diese Gemeinschaft stärken, Wissen teilen und gezielt in Weiterentwicklung investieren, schaffen wir ein einmaliges Netzwerk, das herausragende Vorteile für Kunden und Partner ermöglicht.“*

Nina Cisik

Mit Leidenschaft dabei

Wir setzen auf die hohe Kompetenz, Erfahrung und Leidenschaft unserer Netzwerkpartner, um Einfachheit und Innovationskraft zu verbinden. Drei Begriffe sind uns wichtig, die uns kurz und prägnant charakterisieren und unseren spezifischen Mehrwert hervorheben:

- ***Wie wir denken*** – *NETZWERK* – denn die Lösungen der Zukunft entstehen aus der Verbindung von Kompetenzen, nicht aus Einzelgedanken.
- ***Was wir tun*** – *EXCELLENCE* – denn unser Netzwerk ebnet den Weg für herausragende Architektur- und Ingenieurleistungen.
- ***Wie wir agieren*** – *INTRAPRENEURSHIP* – denn wir bewahren und fördern die Eigenverantwortung unserer Partner im Netzwerk.

Unsere Ambition ist es, mittelfristig durch die *Methode BEN* Qualitäts- und Innovationsführer zu werden – mithilfe der Motivation, die aus einer *Network of Excellence*-Initiative entsteht. Spannende Referenzen und Premiummarken in der Bauwirtschaft sind deren konkretes Ergebnis. So erwächst eine starke Marktposition, die durch die Größe des Netzwerks (Top 5 in der DACH-Region) und der langjährigen Kompetenz in der Integralplanung sowie den Spezialkompetenzen von A wie Architektur bis Z wie Zertifizierung beflügelt wird. Unsere Philosophie *alles aus einer Hand* oder das Prinzip der *Cross Innovation* im Netzwerk bis hin zur Option eines *Cross Selling* generiert eine flexible Handlungsfähigkeit.

Unsere Stabilität beruht auf einem breiten Leistungsspektrum und ausgeprägter Regionalität in Verbindung mit einem überregionalen Netzwerk. Dank eines über viele Jahrzehnte gewachsenen Netzwerks von Architektur- und Ingenieurbüros können wir unseren Kunden aus zahlreichen Wirtschafts- und Tätigkeitsbereichen privater und öffentlicher Auftraggeber die Leistungsschwerpunkte Planen, Beraten und Steuern anbieten. Seit zehn Jahren verantwortet das *Network of Excellence* vielfältige Projekte aus dem gesamten Spektrum des Hoch- und Ingenieurbaus. Besonders hervorzuheben sind Großprojekte, wie z.B. Flughafenneu- und Erweiterungsbauten, Sportstätten, Einkaufszentren und Werksneubauten für Industrie und Logistik. Dazu zählt auch die Quartierentwicklung im Wohnungsbau.

Als Berater, Steuerer und Prüfer steht BKW Engineering als zentraler Ansprechpartner seinen Auftraggebenden von der Entwicklung der ersten Projektidee über die Genehmigung und Realisierung bis zur Betreuung der Immobilie mit seiner gesamten Erfahrung zur Seite.

Subsidiaritätsprinzip

In Wikipedia wird der Begriff der Subsidiarität wie folgt definiert: „*Subsidiarität (von lateinisch subsidium ‚Hilfe', ‚Reserve') ist eine Maxime, die eine größtmögliche Selbstbestimmung und Eigenverantwortung des Individuums, der Familie oder der Gemeinde anstrebt, soweit dies möglich und sinnvoll ist.*" (2)

Mit zunehmender Unterstützung durch KI kommen wir mithilfe des *BKW-internen Sprachmodells Edison Power AI*, der BKW AG zu folgender allgemeiner Definition der Begrifflichkeit, die deutlich machen soll, was sich daraus für die BEN Shared Services als *Roles & Responsibilities* für die Netzwerkpartner ableitet:

„*Das Subsidiaritätsprinzip ist ein grundlegendes Prinzip in politischen, sozialen und wirtschaftlichen Systemen, das besagt, dass Entscheidungen und Maßnahmen möglichst auf der niedrigsten (d. h. kleinsten oder lokalsten) Ebene getroffen werden sollen, die dazu in der Lage ist. Höhere Ebenen sollen nur eingreifen, wenn die niedrigeren Ebenen die Aufgaben nicht effektiv erfüllen können. Dieses Prinzip soll die* ***Selbstbestimmung und Eigenverantwortung*** *der kleineren Einheiten fördern und gleichzeitig die Effizienz und Effektivität der Entscheidungsprozesse verbessern.*" (2)

Subsidiarität findet Anwendung in verschiedenen Kontexten. In der Politik wird in den föderalen und dezentralen Regierungssystemen, wie z. B. in der *Europäischen Union* oder in Deutschland, die Aufgabenteilung zwischen verschiedenen Regierungsebenen (lokal, regional, national, supranational) geregelt. In der Sozialpolitik wird die Rolle der Familie und Gemeinschaft sowie der privaten Organisationen für die Bereitstellung von sozialen Dienstleistungen betont, bevor staatliche Interventionen auf den Weg gebracht werden. In der Wirtschaft führen dezentralisierte Unternehmensstrukturen zu einer Entscheidungsfindung, die näher an den operativen Einheiten bleibt und die für mehr Flexibilität und schnellere Reaktionen auf Marktveränderungen sorgt.

Dieses Prinzip fördert die Autonomie und Verantwortlichkeit der kleineren Einheiten und verhindert eine übermäßige Zentralisierung und Bürokratie. Es ist ein wichtiger Bestandteil von Systemen, die auf Effizienz, Bürgernähe und demokratische Teilhabe abzielen.

Übertragen auf den Leitgedanken unseres *Networking Designs* in der Arbeitsweise einer *Shared Design Economy* bedeutet dieser Anspruch, dass die aufgebauten übergeordneten Strukturen die Rolle der Dienstleister übernehmen, die damit dem Geschäftszweck des Netzwerks und auch den Mitarbeitenden dienen.

In solch einem System bedeutet Subsidiarität, dass jeder Akteur und Netzwerkpartner nur eine Zuständigkeit abgeben, wenn diese Aufgabe auch oder besser von einem *Shared Service* erfüllt werden kann. Das Subsidiaritätsprinzip stärkt den unternehmerischen Grundsatz der Eigenständigkeit, aber auch den Systemgedanken der Entlastung des Netzwerkpartners im Tagesgeschäft. Die zentralen *Shared Services* haben drei Bedeutungsebenen:

- ***Licence to operate*** schafft die Voraussetzungen für die Leistungserbringung, d.h. für das Rechnungs- und Finanzwesen, die Personalführung, die Informations- und Kommunikationstechnologie und unternehmensinterne Kommunikation.
- ***Governance*** unterstützt die Unternehmensführung, d.h. das Vertragswesen, Rechte und Forderungen und den Arbeitsschutz.
- ***Development*** steht für die Entwicklung des Netzwerks in der digitalen Transformation gemäß der Nachhaltigkeit, ESG-Maßnahmen oder der Firmenentwicklung.

Warum zentrale *Shared Services*?

Zum Vergleich: Artikel 14 GG behandelt unter anderem das *Eigentum*. In Satz 2 heißt es:

> „***Eigentum verpflichtet***. *Sein Gebrauch soll zugleich dem Wohle der Allgemeinheit dienen.*" (3)

Dieser Artikel betont den Schutz des Eigentums und dessen soziale Bindung. Dieser Gedanke knüpft an unser BKW Engineering-Managementmodell einer *Shared Design Economy* an, so dass sich daraus auch ein Anspruch an den Eigentümer ableiten lässt. Die Leistungsbreite eines großen Netzwerks sollte nicht nur Ambition in Richtung des eigenen Geschäftszwecks sein, sondern auch einer Selbstverpflichtung nachkommen, *eine Unterstützung zu gewährleisten*, wenn die notwendigen Voraussetzungen gegeben sind. Wird der Begriff des Eigentums durch den der Kompetenz ersetzt, dann besteht die Verpflichtung, diese eigene Leistungsfähigkeit dahingehend einzusetzen, dass *sein Gebrauch zugleich dem Wohle der Allgemeinheit diente*. Das Eigentum bzw. die Netzwerkkompetenz dient in unserem Falle allen beteiligten Unternehmen und Mitarbeitenden des *Network of Excellence*.

Nach dem Subsidiaritätsprinzip unterstützt die Dachgesellschaft BKW Engineering auf diese Weise aktiv die Kern- und Einzelmarken ihres Netzwerks. *Shared Services* sollen in der oben bereits dargestellten Abstufung weniger regulierend wirken, sondern klare Spielregeln entwickeln und entlastend wirken.

„*Linie schafft Struktur*", Electronic Based Systems Center, TU Graz, IKK Group GmbH, © tschinkersten fotografie

„*Die Freude am Schaffen*“, metabolon, Leppe, studio grüngrau GmbH, © Manuel Kubitza

Ein wirtschaftsethischer Exkurs

„*Wenn jeder an sich denkt, ist auch an jeden gedacht!*“

Der britische Philosoph und Ökonom Adam Smith (1723–1790) forderte die Freiheit für alle Produzenten, Art und Umfang der Produktion selbst zu bestimmen. Smith postulierte, dass der Eigennutz der Individuen die Wirtschaft antreibt. Wenn demzufolge jeder das macht, was *er* kann oder *ihm* auch nützt, sei allen gedient.

Diese Theorie vom unregulierten, sich selbst überlassenen Markt wurde als *die unsichtbare Hand* bekannt und gegenüber einem protektionistischen Merkantilismus sogar als *überlegen* angesehen. Dieses Prinzip funktioniere, weil es in der Geschichte bis heute nicht so häufig Anwendung gefunden habe.

Aber wer schon einmal selbst ein Haus gebaut, eine Wohnung renoviert oder ein komplexes Gebäude geplant hat, der weiß, dass oftmals *eine helfende Hand* zeitnah unverzichtbar ist. *Silodenken* ist das Gegenteil, was zu diesem Zeitpunkt hilfreich erscheint.

Wer segelt, der weiß, dass es auf dem Weg zu seinem Boot oder bis zum Ablegen schnell einmal sinnvoll und höflich ist, jemandem *die Hand zu geben*. Mag sein, dass diese Geste in einigen Sportarten Etikette oder gutes Benehmen ist, aber letztlich geht es um den wichtigen *Zusammenhalt im Handeln*, der erfolgreich macht. Das föderale Prinzip der Subsidiarität ist mehr als eine prinzipielle Unterstützungsleistung des Nächsten, sondern die Idee einer kollaborierenden Netzwerkplanung.

Wenn ein Unternehmensnetzwerk wie das *Network of Excellence* sich dieses Prinzip in das eigene *Grundgesetz* schreibt und damit ein Bekenntnis formuliert, *dass Gemeinschaft stärken*, *Wissen teilen und Mehrwerte schaffen* die Grundsätze des gemeinsamen Handelns beschreibt, dann ist dieses Prinzip ein wichtiger Schritt für eine gemeinsame Zukunft.

Alle beteiligten Architekten und Ingenieure sind Menschen und bleiben Individuen. Jeder kann und wird diese Idee auf seine Weise umsetzen. Aber wenn dieses Zusammengehörigkeitsgefühl und die gemeinsame Idee einer *Methode BEN* überwiegt, dann ist diese eingespielte Mannschaft für den Auftraggebenden ein echter Mehrwert. Dann können unvermeidbare Herausforderungen des alltäglichen Projektgeschäfts leichter gemeistert werden. Dann werden Reibungsverluste, die allen Beteiligten Zeit und Geld kosten, wesentlich reduziert. Dann entsteht ein *Network of Excellence*.

1 Das Brand-Holosphere-Modell beschreibt die Marke als mehrdimensionales Wirkungsgefüge aus interner und externer Markenwahrnehmung. Vgl. Esch, Franz-Rudolf: Strategie und Technik der Markenführung, 4. Auflage, Vahlen, München 2023.
2 Wikipedia: https://de.wikipedia.org/wiki/Subsidiarit%C3%A4t.

„*Natur und Architektur*“, ILB Investitionsbank, Potsdam, studio grüngrau GmbH, © Manuel Kubitza

„Mit unserer neuen Strategie setzen wir den ***Erfolgskurs*** *fort. Sie baut auf erfolgreicher 3-Säulen-Strategie auf, verstärkt den Fokus auf den Wachstumsmarkt Energie und setzt Excellence und Nachhaltigkeit ins Zentrum."* (1)

1.4 Was ist *Solutions 2030*?

2024 ist die bislang geltende Unternehmensstrategie der BKW AG durch BKW Solutions 2030 abgelöst worden. Mit der bisherigen Strategie wurde 2012 der Ausstieg aus der Kernkraft vollzogen und im Bereich Energieerzeugung vor allem auf die erneuerbaren Energien gesetzt. Daneben fokussierte sich die Konzernstrategie der BKW AG auf die Systemintegration dezentraler Stromproduktion und auf die Entwicklung neuer Managementmodelle.

Am 8. November 2024 hat die BKW AG ihre Strategie BKW Solutions 2030 zum ersten Mal öffentlich kommuniziert. Anlässlich des Capital Markets Day hat sie ihre Strategie im CIRCLE am Flughafen Zürich und via Livestream einem Publikum aus Analysten, Investoren und Medienschaffenden vorgestellt: *Gemeinsam machen wir Lebensräume lebenswert*.

> „*Wir schreiben das nächste Kapitel der Geschichte der BKW: die Strategie* BKW Solutions 2030. *Mit den drei Geschäftsfeldern Energy Solutions, Power Grid und Infrastructure & Buildings bieten wir unseren Kundinnen und Kunden zukunftsweisende Lösungen für alle Themen der Energiewende: von der erneuerbaren Produktion der Energie über deren Vermarktung und Verteilung bis hin zu ihrer effizienten Nutzung in Infrastrukturen und Gebäuden. Die Neuausrichtung ermöglicht uns, gemeinsam die gesellschaftlichen Herausforderungen von heute anzugehen – und dazu die Lösungen für morgen zu liefern.*“[2]
>
> Mit der strategischen Weiterentwicklung BKW Solutions 2030 stellt sich die BKW AG optimal für die neue Energiewelt auf. Durch die Ausrichtung mit den oben genannten drei Geschäftsfeldern stärkt die BKW AG den Fokus entlang der gesamten Wertschöpfungskette für die Energiewende. Diese Strategie macht uns in den Märkten Energie, Infrastruktur und Gebäude zu einem einzigartigen Akteur.

„Mit BKW Solutions 2030 setzen wir bei Grid- & Hydro-Engineering konsequent auf nachhaltige und zukunftsweisende Technologien, um die ***Herausforderungen der Energiewende*** *zu meistern. Unser erfahrenes Expertenteam plant und realisiert komplexe Energieinfrastrukturprojekte, die nicht nur eine zuverlässige Energieversorgung gewährleisten, sondern auch aktiv zur Schaffung lebenswerter Lebensräume beitragen.“*

Oliver Krone

„*Wasserkraft als Ursprung*" – Wasserkraftwerk, Spiez, BKW Hydro, BKW AG / © Daniel Hager

„*Windige Landschaften*", Windpark, Castellaneta IT BKW AG, BKW AG / © Oliver Oettli

„*Alpine Solaranlagen*“, Solare Testanlage, Schattenhalb, BKW Energy, BKW AG / © Beat Schweizer

„*Energie braucht Speicher*“, Batteriespeicher, Wunsiedel, BKW Infra Services (BIS), BKW AG / © Johannes Mink

Damit reagiert die BKW AG gezielt auf die veränderten Bedürfnisse ihrer Kunden, Investoren und der Gesellschaft, um auf diese Weise die Transformation des Energiesystems zu unterstützen und dem wachsenden Bedarf an Energie- und Ressourceneffizienz gerecht zu werden. Mit dieser ganzheitlichen Ausrichtung auf die neue Energiewelt schreibt die BKW AG ihre mehr als 125-jährige Erfolgsgeschichte fort.

Mit BKW Solutions 2030 strebt die BKW AG in den kommenden Jahren ein bedeutendes Wachstum an. Durch Investitionen für die Zukunft soll das Betriebsergebnis (EBIT) bis 2030 auf 1 Mrd. CHF steigen. Für die Erreichung dieses Ziels plant sie in den nächsten sechs Jahren Investitionen von rund 4 Mrd. CHF, wovon mindestens 3 Mrd. CHF in der Schweiz investiert werden. Zur Erreichung dieser Ziele sollen sämtliche Geschäftsfelder der BKW AG beitragen.

Die nachhaltige Ausrichtung ermöglicht daher langfristige Wachstumschancen entlang der Wertschöpfung von Energie und Infrastruktur bis zum Gebäude als Verbraucher. Von der Energieproduktion über den Handel bis zum Bau und Betrieb der Versorgungsinfrastruktur für Unternehmer, Private sowie die öffentliche Hand wird der „*Kreislauf der Energie*“ für erneuerbare Energien von der BKW AG umfassend begleitet. Auf diese Weise können wesentliche Dinge des täglichen Lebens integral gedacht und gemeinsam umgesetzt werden.

Die ***Vision*** der BKW AG ist eine dauerhaft lebenswerte Welt. Mit ihr als führende Akteurin im europäischen Raum für nachhaltige Energie, Infrastruktur und Gebäude. Ihre ***Mission*** sind zukunftsweisende Lösungen, die den erforderlichen Wandel in diese Richtung beschleunigen.

In der Markenstrategie bedeutet ***Sicherheit*** für die BKW AG eine zuverlässige und jederzeit verfügbare Energieversorgung, widerstandsfähige Infrastrukturen, die den Herausforderungen von morgen standhalten, und eine nachhaltige Basis, auf der Generationen aufbauen können.

Lebensqualität bedeutet eine saubere und gesunde Umwelt, ein Zugang zu moderner Infrastruktur und innovativen Technologien, lebenswerte Städte und gut angebundene ländliche Regionen. Und weiter bedeutet ***Wettbewerbsfähigkeit*** wirtschaftliche, zukunftsweisende Technologien und Lösungen, die Unternehmen, Regionen und Länder zukunftsfähig machen und ihnen ein nachhaltiges Wachstum ermöglichen.

Die europäische Energie- und Infrastrukturdienstleisterin treibt Innovationen voran und gestaltet aktiv den Wandel hin zu einer dauerhaft lebenswerten Welt: Der öffentlichen Hand sowie den Geschäfts- und Privatkunden bietet die BKW AG zukunftsweisende Lösungen in den Bereichen Energie, Infrastruktur und Gebäude. In Einklang mit der Natur erhöht sie die Lebensqualität, sichert die Versorgung und steigert die Wettbewerbsfähigkeit von Unternehmen, Regionen und Ländern.

Das Portfolio von BKW Engineering erweitert dieses Spektrum und schließt den Kreislauf. Er reicht heute von der Planung und Beratung im Engineering für Energie-, Infrastruktur- und Umweltprojekte über integrierte Angebote im Bereich der Gebäudetechnik bis hin zu Bauüberwachung, Service und Unterhalt von Energie-, Telekommunikations-, Verkehrs- und Wassernetzen.

Auf ihrem Wachstumspfad setzt die BKW AG im Rahmen ihrer Unternehmensstrategie auf Profitabilität, eine konsequente Ausrichtung auf Kundenbedürfnisse und ein aktives Portfolio- und Risikomanagement. Mit der Strategie Solutions 2030 wird sie noch stärker als integrierter Konzern auftreten. Ein wichtiger Schritt dazu ist die Vereinheitlichung und Internationalisierung ihrer Organisationsstruktur. Die BKW AG ist demzufolge in sechs Business Areas gegliedert:

Energy Production, Energy Markets, Power Grid, Engineering, Infra Services und Building Solutions (Geschäftsbereiche). Die Leitenden dieser Business Areas sind Members of the Executive Committee (Konzernleitung). Die operative Ebene ist in sogenannte Business Units (Geschäftseinheiten) organisiert. Nicht direkt am Kerngeschäft beteiligte Abteilungen für die Organisation heißen Support Functions (IT, HR, Finance etc.) und werden durch die Shared Services in den einzelnen Areas unterstützt.

„Besondere Orte brauchen besondere Kompetenzen" – Monte-Rosa-Hütte, Zermatt, Werner Elektro AG, BKW Building Solutions (BBS), BKW AG / © GFC Collection

Wachstum

Wachstum bedeutet für die BKW AG den Ausbau der Energielösungen und die Stärkung des Produktionsportfolios und die Weiterentwicklung des Verteilnetzes bei hoher Netzverfügbarkeit sowie den Ausbau von Lösungen für Planung, Bau und Unterhalt von Infrastruktur und Gebäuden.

- Im Segment *Energy Solutions* lautet die Devise *Push Growth*, d. h. ein hohes Wachstum bei maßgeschneiderten und nachhaltigen Energielösungen für Großkunden sowie dem Ausbau des eigenen Produktionsportfolios: Stärkung der Schweizer Basis, Wachstum der erneuerbaren Energien, Ausbau nachhaltiger Flexibilität.
- Im Segment *Power Grid* lautet die Devise *Stable Growth*, d. h. die schrittweise Erhöhung der Investitionen in den Aus- und Umbau des eigenen Verteilnetzes und die Transformation des Energiesystems mit einer Kosteneffizienz durch den Einsatz moderner Prozesse und Technologien sowie den Aufbau von innovativen Produkt- und Tariflösungen für Bedürfnisse regulierter Kunden in der Schweiz.
- Im Segment *Infrastructure & Buildings* lautet die Devise *Selective Growth*, d. h. der Ausbau der Leistungen in der Generalplanung für Infrastruktur und Hochbau, das gezielte Wachstum als Fachspezialistin in den Bereichen Netzinfrastruktur, erneuerbare Energien und Rail sowie die Erweiterung der Gebäudetechnikplattform und der Ausbau des PV- und Service-Geschäfts für effiziente und smarte Gebäude.

BKW Engineering ist eine der fünf Business Areas im Segment Infrastructure & Buildings. Für die Übertragung der oben genannten Ziele bedeutet dies insbesondere den Ausbau der Generalplanung und des Projektmanagements im Hochbau sowie im Infrastrukturbereich. Es bezieht sich auf unsere Kernmärkte in der DACH-Region und gilt für komplexe und große Projekte, den Aufbau weiterer Spezialkompetenzen insbesondere in den Bereichen Nachhaltigkeit, Wärmeplanung, Bauphysik und Landschaftsarchitektur sowie den zielgerichteten Auf- und Ausbau von Expertise und Kapazitäten in der Architektur- und Objektplanung für die Schweiz und Österreich.

Excellence
Excellence bedeutet für die BKW AG zunächst Profitabilität vor Wachstum, d. h. Wachstum nur auf profitabler Basis und Kostenoptimierung und Nutzung von Skaleneffekten eines Netzwerks sowie die kontinuierliche Prozess- und Systemoptimierung. Die konsequente Ausrichtung auf Kundenbedürfnisse heißt Kundennähe, individuell, flexibel und bemüht sich um langfristige Partnerschaften, die höchste Qualität und den Einsatz moderner Technologien oder ein aktives Portfolio- und Risikomanagement als kontinuierliche Portfolioüberprüfung – Firmen, Produkte, Services, der konsequenten Ressourcenallokation und Umsetzung von Verbesserungspotenzialen mit einem strategischen Risikomanagement.

Nachhaltigkeit
Nachhaltigkeit setzt vier Schwerpunkte: Klima, Energie, Natur und Mensch im Sinne von gesunden und zukunftsweisenden Arbeitswelten:

> „*Wir streben als Gesamtkonzern* BKW AG *nach* ***Netto-Null-Emissionen*** *(2040 Scope 1 und 2 bzw. 2050 Scope 3). Das bedeutet den weiteren Ausbau erneuerbarer Energien, die Elektrifizierung der Fahrzeugflotte und die Prüfung eines beschleunigten Kohleausstiegs im bisherigen Energieportfolio.* Meilenstein und angestrebtes Zwischenziel ist die Halbierung der CO_2-Intensität bis 2030 in Scope 1 und 2 gegenüber 2022." (3)

„*Infrastruktur formt Natur*", Dinkelbrücke, Lage, Lindschulte Ingenieurgesellschaft mbH, © David Jakobs

Für diesen Zweck setzt die BKW AG ihren konsequenten Ausbau der erneuerbaren Energieproduktion fort. Zudem wird sie stärker in den Erhalt von Ökosystemen und in den Schutz der Biodiversität investieren. Eine starke Governance bildet hierfür das Fundament.

Die BKW AG ist in den Wachstumsmärkten Energie, Infrastruktur und Gebäude hervorragend aufgestellt. Sie treibt mit der Strategie BKW Solutions 2030 die ganzheitliche Energiewende voran, stärkt die Schweizer Basis und investiert weiter selektiv und strategisch im Ausland mit Fokus auf ihren Kernmärkten Deutschland, Italien und Frankreich.

Die *Business Area* BKW Engineering (BEN) gehört zum dritten Segment des Konzerns *Infrastructure & Buildings*. Auf diese Weise kann die BKW AG die Wertschöpfungskette ihres Kernprodukts Elektrizität über den gesamten Energiekreislauf von der Produktion, dem Handel, dem Bau und Betrieb der Verteilernetze bis hin zur Optimierung der Verwendungsfähigkeit direkt beim Endkunden verantworten. Das Kompetenzfeld von *BKW Engineering* ist das *Network of Excellence* und in der Lage, als Services alle wesentlichen Architektur- und Ingenieurdienstleistungen anzubieten, die Kunden und Projektentwickler, Auftragsgebende und Bauherren für die Realisierung von Gebäuden bis zur Infrastruktur benötigen. Ihre Kernkompetenz ist es, diese Leistungen ganzheitlich *aus einer Hand* anzubieten.

„Was wir heute planen, prägt unsere Lebensräume von morgen: ***zukunftsorientierte Infrastruktur*** *für Mensch und Umwelt, gestaltet von Lindschulte im Verbund mit BKW Engineering. Unsere breite Interdisziplinarität sichert intelligente, ökologische und wirtschaftliche Lösungen für die nächsten Generationen."*

Christian Vrielink

„*Infrastruktur unterstützt Natur*", Mühlenareal, Borken, Lindschulte Ingenieurgesellschaft mbH, © David Jakobs

Daten und Fakten der BKW AG, Stand 2024

- circa 12.100 Mitarbeitende
- mit über 230 Unternehmen und Beteiligungen
- Standorte in 12 Ländern
- in drei Segmenten (Geschäftsfelder)
- auf sechs Business Areas (Geschäftsbereiche)
- verfügt über 22.000 km Stromnetz (größter Verteilnetzbetreiber der Schweiz)
- knapp 3.500 MW installierte Kapazitäten mit durchschnittlich 9–10 TWh Stromproduktion
- circa 4,8 Mrd. CHF Gesamtumsatz
- über 790 Mio. CHF (EBIT)
- mehr als 550 Mio. CHF (operativer Gewinn)
- etwa 739 Mio. CHF (operative Liquidität)
- circa 7,9 Mrd. CHF (Börsenkapitalisierung)

Daten und Fakten der BKW Engineering AG, Stand 2024/25

- über 4.000 Mitarbeitende
- über 90 Standorte in Deutschland, 3.120 Mitarbeitende (2024)
- über 20 Standorte in der Schweiz, 480 Mitarbeitende (2024)
- derzeit 10 Standorte in Österreich, 400 Mitarbeitende (2024)
- in vier Business Units (Geschäftseinheiten):
- Business Unit Architecture & Design
- Business Unit Buildings & Construction
- Business Unit Infrastructure & Environment
- Business Unit Consulting & Testing
- mit über 70 Business Departments | Netzwerkpartner
- circa 430 Mio. CHF Gesamtumsatz

Für den blauen Planeten

Aus den Weiten des Weltalls betrachtet scheint unsere Erde ein kleiner, leuchtend blauer Punkt im Dunkel des Universums zu sein – fragil und einzigartig. Das *Blau* dieses Planeten steht für die Erdatmosphäre, den Reichtum an Wasser, die Lebensgrundlage der Menschheit. Von der Erde aus betrachtet ist für die meisten Menschen jedoch die Vegetation das prägende Naturelement. Die Bestrebungen für den Erhalt der Natur assoziieren wir aus diesem Grund mit der Farbe *Grün*. *GREEN Design* hat sich dementsprechend zur Aufgabe gesetzt, beim Planen und Bauen unseren Lebensraum nachhaltig zu gestalten, und leistet einen wesentlichen Beitrag für den Erhalt der Lebensgrundlagen auf unserem blauen Planeten. Im erweiterten Sinne leiteten wir als BKW AG auch unser übergeordnetes Motto daraus ab: *Wir machen Lebensräume lebenswert.* [4]

Die berühmten NASA-Bilder, die unseren Planeten als einen winzigen Punkt im All zeigen, haben das Bewusstsein dafür geschärft, dass uns kein zweiter Planet zur Verfügung steht. Gerade im Bau-, Infrastruktur- und Gebäudesektor tragen wir eine enorme Mitverantwortung, weil in diesem Bereich weltweit ein erheblicher Anteil des Energieverbrauchs, des Ressourceneinsatzes und damit auch der Emissionen anfällt. Wer Häuser baut, Infrastrukturen schafft und Städte plant, beeinflusst unmittelbar die Umweltbilanz unserer Erde und schafft Bedingungen, in welchem Zustand wir unseren *Small Blue Dot* an kommende Generationen übergeben.

„*Der blaue Planet*", © NASA

GREEN Design als integrale Ambition

In dieser Verantwortung liegt der Ursprung des Konzepts des grünen Bauens und Planens. Grün steht für ein ganzheitliches, integriertes Planungs- und Bauprinzip: Die von uns als Architekten und Ingenieure gestaltete Welt von morgen muss nicht nur effizient sein, sondern auch lebenswert, sozial gerecht und regenerativ. *GREEN Design* ist mehr als ein vertriebsorientiertes Feigenblatt; es erfordert einen umfassenden Blick auf die gesamte Wertschöpfungskette und jede Phase des Gebäudezyklus. Ein integraler Planungsansatz wie der des *Network of Excellence* führt unterschiedliche Disziplinen zusammen und schafft Lösungen, die über rein technische Aspekte hinausgehen: indem beispielsweise öffentliche Räume geschaffen werden, die die soziale Interaktion fördern, oder indem durchdachte Verkehrskonzepte den CO_2-Ausstoß verringern und zugleich die Mobilität verbessern.

Das Ziel dahinter ist klar: Das Leben auf unserem blauen Planeten kann nur fortbestehen, wenn **wir umfassend und vorausschauend agieren** – dieses Denken spiegelt sich in einem engen Zusammenspiel vieler Disziplinen wider. Architekten, Städteplaner, Landschaftsarchitekten, Ingenieure und Soziologen müssen im Team mit Auftraggebenden, Bauherren und Privatpersonen, Behörden und vielen weiteren Beteiligten interdisziplinär, d. h. *cross-innovativ* agieren, um Ressourcen zu schonen und neue Maßstäbe für ein zukunftsfähiges Bauen zu setzen.

Vom ressourcenschonenden Bauen zum positiven Fußabdruck

Eine gestaltete Umwelt und ein gebautes Umfeld wirken langfristig auf Menschen und Natur: Konventionelle Bauweisen verschlingen erhebliche Energiemengen, während mit integralen grünen Konzepten das Ziel verfolgt wird, über die gesamte Lebensdauer des Gebäudes hinweg einen möglichst positiven Einfluss auf die Umwelt zu nehmen:

- ***Net-Zero- oder Plus-Energie-Gebäude*** – Diese Projekte sollen so konzipiert sein, dass ihr Betrieb keine zusätzlichen Emissionen verursacht oder sie sogar mehr Energie produzieren, als sie verbrauchen.
- ***intelligente Materialkreisläufe*** – Baustoffe werden so ausgewählt und eingesetzt, dass sie ressourcenschonend sind und sich idealerweise nach dem Rückbau erneut verwenden lassen.
- ***grüne Infrastruktur*** – Regenwassernutzung, Dachbegrünung oder Biodiversitätsförderung sorgen dafür, dass Gebäude sich harmonisch in ihre Umgebung einfügen, lokale Klimaphänomene positiv beeinflussen und wertvolle Lebensräume für Flora und Fauna schaffen.

All diese Maßnahmen helfen dabei, die Biosphäre Erde, unseren *Small Blue Dot*, zu bewahren, indem die natürlichen Kreisläufe respektiert werden und eine Regeneration möglich ist. Die Zukunft unseres blauen Planeten hängt eng damit zusammen, wie bewusst wir ganz besonders als Architekten und Ingenieure mit seinem Erbe umgehen und wie konsequent wir *grüne* Prinzipien in unserem Denken und Handeln verankern. Nur wenn wir im Bauen und Planen auf *grün* setzen und weit über gängige Standards hinausgehen, wird unser blauer Planet auch in Zukunft ein Ort bleiben, an dem das Leben gedeihen kann.

1 BKW AG: *Mitteilung zur neuen Konzernstrategie*, „BKW Solutions 2030" , Bern, 2012.
2 BKW AG: *Strategie* „BKW Solutions 2030". Unternehmensmitteilung, Bern, 2012.
3 BKW AG: *Nachhaltigkeitsstrategie der BKW*. Unternehmensmitteilung, Bern, 2022.
4 BKW AG: *GREEN Design – Nachhaltig planen und bauen*. Online verfügbar unter: www.bkw.ch (Zugriff am 05.11.2025).

1.5 Warum ist *Cross Innovation* unsere Motivation?

Die Motivation für uns als BKW Engineering ist *Networking Design*. Es ist das Managementmodell einer kollaborierenden Netzwerkplanung. Wir wollen *den Weg frei machen*, damit unsere Netzwerkpartner stark bleiben und dort stärker werden, wo das Netzwerk dabei helfen kann, selbst stärker zu werden.

Im Kontext weitreichender Synergien erweitert sich dieses Prinzip der *Cross Innovation* bedingt durch seine organisierte Form der Arbeitsteilung. Damit verbunden ist auch unser Wunsch nach wirtschaftlichem Erfolg und einer daraus erwachsenden regionalen und internationalen Signifikanz und Resilienz.

Daher ist die Netzwerkagilität eine wichtige Voraussetzung für das *Cross Selling*, sofern es für das Projekt sinnvoll ist und diese Leistungen im Idealfall aus dem gleichen Netzwerk angeboten werden können. Ein klarer Mehrwert für den Auftraggebenden sind eingespielte Teams, die in der Regel sofort performant agieren und Reibungsverluste minimieren.

Cross Selling ist aber auch ein wirtschaftlicher Vorteil für das Netzwerk selbst, der sich aus einer gemeinsamen Wertschöpfungskette ergibt, sodass im Falle der BKW AG die zukünftig immer stärker werdende Verbindung zwischen Architektur, Infrastruktur und Energie erweitert wird.

Fremdleistungen sind typische Leistungsauslagerungen, die im Projektalltag unzähliger Büros der Baubranche durchaus üblich und notwendig sind. Können diese Planungs-, Beratungs- oder Steuerungsleistungen jedoch innerhalb der Planungsfamilie *vergeben* werden, dann ergibt sich aufgrund der wirtschaftlichen Vernetzung dieselbe Wertschöpfung wie im eigenen Büro. Die *kollaborierende Netzwerkplanung* stärkt das *Cross Innovation*-Prinzip und die Leistungsfähigkeit von BKW Engineering insgesamt, weil es ein grundsätzliches Ziel ist, *sich gegenseitig stark zu machen*.

Eine *Shared Design Economy* ist ein Mehrwert für die Zielgruppe des Geschäftsmodells von BKW Engineering. Für öffentliche und private Bauherren und Projektentwickler ist der schnelle Zugriff auf alle erforderlichen Leistungen von der Energieversorgung bis zur Infrastruktur und zu den Gebäuden nach Auffassung von BKW Engineering ein klarer Mehrwert.

Der Claim des *GreenTEC Festivals* (Berlin 2025) erweitert die Zielgruppe auf alle Menschen unseres gemeinsamen Planeten und fordert dazu auf:

„Only together we can change the world for the better.“

Dieses Motto passt sehr gut zu unseren BKW Engineering Grundsätzen:
Gemeinschaft stärken, um *Wissen zu teilen* und *Mehrwerte* zu schaffen.

Diese *Methodenkompetenz* einer Integralplanung, d. h., die Fähigkeit komplexe Planungsprozesse ganzheitlich und umfassend zu bedienen, entlastet den Auftraggebenden, weil er einen verlässlichen Partner an seiner Seite hat, der mit dem Ansatz *one face to the customer* vom ersten Moment bis zur Fertigstellung das Projekt kompetent begleiten kann.

Sharing-Modelle sind zukünftig ein wesentlicher Baustein unseres gesamten Wirtschaftssystems. Eigentum und Besitz (Nutzung) sind nicht mehr so relevant wie früher. Daher ist BKW Engineering zwar Eigentümer ihrer Architektur- und Ingenieurbüros, aber alle Netzwerkpartner bleiben eigenständig und arbeiten eigenverantwortlich. Sie bleiben Unternehmer (*Intrapreneurship*) in einem Netzwerk, für das *Excellence* in der eigenen Arbeit Ansporn und Anspruch zugleich ist. Sie sind Besitzer und tragen weiterhin die Verantwortung für ihr Handeln.

Das *Network of Excellence* ist hierfür eine Ambition und eine klare Vision. Unsere Kernaufgabe als BKW Engineering ist *paving the way to excellence!*, um eine gemeinsame *Methode BEN* zu entwickeln und dabei zu unterstützen, das Teilen von Kapazitäten, Kompetenzen und Wissen leichter zu ermöglichen, wenn dies für die Erreichung des eigenen Unternehmensziels und für die Umsetzung unseres *BEN Masterplan 2030* oder der übergeordneten Strategie BKW Solutions 2030 sinnvoll ist.

Es gilt für uns die Idee und die Arbeitsweise einer *Shared Design Economy*. Im Idealfall wird nicht nur die Arbeitskraft für die Methodenkompetenz miteinander geteilt, sondern Bauherren und Auftraggebende können direkt von dieser Expertise profitieren. Integralplaner-Teams mit umfangreichen Erfahrungen und hohem Wissen ziehen Nutzen aus ihren Netzwerkpartnern. Es ist unser Ansatz dieser *Methode BEN*, die unter anderem mit dem Grundgedanken der *Plattform für Innovationen in Deutschland* (PFID) zu vergleichen ist, die Ideengeber und umsetzungsfähige Partner miteinander zu verbinden versucht:

Die PFID „*transferiert Erfahrungen, Vorgehensweisen und Methoden in einem ganzheitlichen Innovationsverständnis für die Entwicklung Ihres Innovation-Eco-Systems. Daraus werden verschiedene Bausteine und Module für ihren Erfolg abgeleitet. Cross Innovation ist dabei ein Schlüsselfaktor. Die PFID versteht sich als unabhängige Initiative, die ‚cross‘ und ‚agil‘ Partner und Netzwerke vereint. Verschiedene Aktivitäten auf den Social-Media-Plattformen der PFID führen branchenübergreifend Start-ups, KMUs und Industrie mit Forschung und Wissenschaft zu den Themen der Zukunft zusammen.*“ (1)

„Klare Strukturen und spannende Räume", +e Kita, Marburg, OSD GmbH, © Eibe Sönnecken – Architekten: Opus Architekten

„***Cross Innovation*** *beschreibt prinzipiell den Ansatz, Innovation ‚über Kreuz' zu betrachten und damit die Grenzen der aktuell bestehenden Managementmodelle und Entwicklungsprozesse zu überschreiten. Im klassischen Sinne des Begriffes wird damit eine branchen- und disziplinenübergreifende Innovation beschrieben, die aus der Zusammenarbeit und dem Wissens-transfer zwischen mehreren Unternehmen und Organisationen oder in der Übernahme/Adaption bereits bestehender Lösungen in andere Branchen resultiert. Es lassen sich drei Optionen unterscheiden:*

- Der ***Outside-in-Prozess***, dabei werden bestehende Lösungen und Wissen anderer Industrien in die eigene Organisation überführt, neu kombiniert und angewendet.
- Der ***Inside-out-Prozess*** beschreibt hingegen das Überführen eigener Lösungen und Produkte in andere Branchen, Märkte oder ggfs. andere Unternehmenskooperationen zur Diversifizierung des Managementmodells und der Innovationsprozesse.
- Im ***Couple-Prozess*** – als Cross Innovation im engsten Sinne – wird die Idee über die Entwicklung bis zur Vermarktung durch die Innovationspartner gemeinsam vorangetrieben. Damit überschreitet Cross Innovation die Grenzen des bestehenden und erprobten Innovation-Ecosystem- und Managementmodells des Unternehmens und gibt zukunftsgerichtete Impulse.

Die Auswirkungen von Cross Innovation sind jedoch nicht nur technologisch und methodisch, sondern bedürfen zudem einer offen, kollaborativen und agilen Unternehmenskultur und haben damit große Schnittstellen zu ‚open Innovation' und agilen Grundsätzen. Insgesamt beschreibt Cross Innovation heute ein umfassendes Cross-Denken und -Handeln und mehr als die drei bekannten Prozesstypen wie oben beschrieben. Cross ganzheitlich betrachtet hat den Fokus auf Cross Branches, Cross Industry, Cross Culture (Mindset), Cross Function (Interdisziplinarität), Cross Size und Cross Collaboration intern und extern. Damit wird Cross Innovation zum wesentlichen Lösungsschlüssel für die Förderung von Innovation und Wachstum durch konkrete Entwicklung des Innovation-Ecosystems der Unternehmen. Cross Innovation ist eine der Future-Skills im 21. Jahrhundert.“ [2]

Damit verfolgt die *Cross Innovation* einen vergleichbaren Netzwerkansatz wie in der *Shared Design Economy* von BKW Engineering. Gleichsam kann dieser Ansatz auf das Ecosystem von Planungsgesellschaften übertragen werden. Beide Methoden beruhen auf der Vernetzung = „X“ (Netzwerkknoten) und im Sinne eines *Cross Selling*, der den Weg zu einer ergänzenden Architektur- und Ingenieurleistung in eingespielten Teams ermöglicht. Es ist ein echter Mehrwert für Auftraggeber. Innovation und Einfachheit sollen in der *Shared Design Economy* auf diese Weise miteinander verbunden und vernetzt werden. Dieses Verständnis führt bei einer Netzwerkplanung innerhalb einer Unternehmensgruppe zu einer *Stärke durch Gemeinschaft*. Bestärkt wird diese Herangehensweise durch drei aktuelle Marktveränderungen, die in dem *BEN Masterplan 2030* beantwortet werden:

- **Regulatorik im Bauwesen ist durch Netzwerke besser zu bewältigen.** Eine zunehmende Komplexität in der Bauwirtschaft erfordert höhere Fach- und Planungskompetenzen. Daher gilt bestenfalls: *alles aus einer Hand*. Eine mögliche Antwort könnte sein, den Auftrag zur Integralplanung zu erweitern, um als vernetzte Architekten und Ingenieure noch besser gemeinsam Verantwortung für die gebaute Umwelt übernehmen zu können, d.h., nicht nur Auftragsteile aus externen Bausteinen zusammenzusetzen, sondern das Ganze mehr werden zu lassen, als lediglich die Summe seiner Teile zu sein.

- **Durch geteiltes Wissen kann all den Herausforderungen des Klimawandels in einem Netzwerk optimal entgegnet werden.** Denn Know-how ist erforderlich und Daten sind die Währung der Zukunft für eine gezielte Entwicklung in der Bauwende. Eine wichtige Antwort darauf lautet: Aufbau von Spezialkompetenzen. Diese Kompetenzen sind meistens cross-disziplinär und nicht traditionellen Leistungsbildern zuzuordnen. Komplexität macht ein übergeordnetes, interdisziplinäres Denken naheliegend. Die Bauwende macht diesen Anspruch sogar erforderlich. Sie dienen im *Networking Design* als weitere Option, frühzeitig im Markt im Markt aktiv zu werden, bevor klassische Planungs- und Beratungsleistungen das Erfordernis für Spezialwissen im Planungsverlauf notwendig machen. Meistens sind in dieser Phase bereits zahlreiche Entscheidungen von Tragweite im Projekt getroffen worden, deren spätere Anpassung kostenintensive Projektänderungen auslösen.

- **Volatilität erfordert Flexibilität und Leistungsbreite.** Es ist unwirtschaftlich, umfassende Kapazitäten dauerhaft vorzuhalten, und zudem sehr aufwendig, Kompetenzen für alle Eventualitäten aufzubauen. Netzwerke können beide Optionen bedienen. Darüber hinaus ist eine übergeordnete, sogar länderübergreifende Vernetzung ein wertvolles Kapital, das in einem Unternehmensnetzwerk optimal umgesetzt werden kann.

Trigger unserer Ambitionen 2030

Nachfolgende Gedanken treiben uns an, um uns im *BEN Masterplan 2030* unternehmensstrategische Ziele für das Netzwerk zu setzen:

- hohe Kompetenz mit großer Leistungsbreite
- *Excellence* in allen Leistungen
- Aufbau des größten Netzwerks im DACH-Raum
- einen hohen Bekanntheitsgrad erzielen und Sichtbarkeit verbessern
- Lösungsanbieter für die Herausforderungen der Zukunft sein

Network of Excellence soll im Wortsinn *herausragen*, um nicht nur wahrgenommen zu werden, sondern tatkräftig Entscheidungen voranzutreiben, weil diese Form der Arbeitsteilung in zahlreiche Projekte eingebunden werden kann. Nachfolgende Bemühungen sollen in unserem Projektalltag spürbar sein:

- kundenfreundlich agieren und primär Bedürfnissen von Auftraggebenden- und Nutzern durch ein gezieltes Gestalten, Planen, Beraten und der Steuerung von komplexen Projekten einschließlich aller Spezialdisziplinen befriedigen.
- Zudem soll Energie- und Ressourceneffizienz mithilfe der Digitalisierung erreicht werden. Dadurch erlangen wir eine Effizienzsteigerung in Planungs- und Steuerungsprozessen, u. a. auch mit der Anwendung von KI.
- In der Business Unit *Buildings & Construction* strebt BKW Engineering im Rahmen unseres *Networking Designs* ein hohes Maß an Vorfertigung an: über serielle Bauteile, d. h. elementiertes Planen und Bauen sowie ein modulares Arbeiten mit 3D-Raummodulen. In der Business Unit *Infrastructure & Environment* versteht BKW Engineering unter der Transformation von Energiesystemen im Sinne von *smart & green:* resiliente Versorgungs- und Verkehrsinfrastrukturen in Neubausituationen sowie den verantwortungsvollen Umgang mit Bestandsliegenschaften.

Diese Ziele verbinden wir gleichermaßen mit der Erfüllung unternehmerischer Grundbedürfnisse und menschlicher Emotionen, was beinhaltet: Sicherheit für das eigene Unternehmen und seine Mitarbeiter, die Freiheit in der operativen Handlungsfähigkeit und der Wohlstand zur eigenen, weiteren Unternehmensentwicklung im Zusammenschluss innerhalb des Netzwerks.

„*Ort und Aufgabe bestimmen Architektur*“, BraWo Park, Braunschweig, Assmann Beraten + Planen GmbH, © Tim Jürgensmann

Methode BEN als Antwort auf die Komplexität der Bauwirtschaft

Die weiterwachsende Komplexität in vielen Wissensbereichen erfordert automatisch höhere Fach- und Planungskompetenzen. Wir erweitern daher mit unseren Ambitionen kontinuierlicher Verbesserung die Kompetenzen im Bereich der Bauwirtschaft und verbessern die Reichweite von BKW Engineering im DACH-Raum. Als Architekten und Ingenieure sehen wir unsere Arbeit alsZeichen der Verantwortung für die gebaute Umwelt.

Die Aufgaben eines klassischen Entrepreneurs bestehen darin, Chancen zu entdecken und passende Managementmodelle zu generieren, zu bewerten und auszuwählen. Die Erschließung und Nutzung der dazu notwendigen Ressourcen fügen sich ebenso ein wie auch die Bereitschaft, ins Risiko zu gehen. Unternehmertum kann einsam sein oder gemeinsam betrieben werden.

Der Grundsatz *Stärke durch Gemeinschaft* verbindet sich mit individuellem und leidenschaftlichem Unternehmertum in Form eines *Intrapreneurships*, indem die Eigenständigkeit und operative Handlungsfähigkeit der beteiligten Unternehmen in einem Netzwerk erhalten bleibt und indem nachhaltig Synergien gesucht und genutzt werden. Netzwerke und ihre Partner schließen sich zusammen, um ihre Marktposition zu sichern und wechselseitig Vorteile leichter nutzen zu können. Generalplanungsprojekte schaffen auf diese Weise Mehrwerte für den Auftraggeber, weil viele Projektideen durch die frühzeitige Einbindung von Fachkompetenzen in einer die Leistungsphasen übergreifenden Planungs- und Beratungsleistung schneller entwickelt werden können, statt mit einem klassischen Hintereinander abgearbeitet zu werden.

In einer ***Shared Design Economy*** ist das Kernziel, die vorhandene Eigenständigkeit eines jeden Netzwerkpartners inhaltlich-fachlich größtmöglich und netzwerkdienlich aufrechtzuerhalten.

Netzwerkpartner haben nicht selten ihre wirtschaftliche Eigenständigkeit durch einen Merger-&-Akquisitions-Prozess zugunsten einer Netzwerkplanung aufgegeben. Dadurch wandeln sie sich zu kreativen Intrapreneuren, wenn dieser Weg als sinnvoll angesehen wird und die entsprechende Bereitschaft für einen Wandel gegeben ist, weil unternehmerisches Denken auch in einem *Networking Design* mehr als elementar ist. Wenn diese Netzwerkpartner eigene Technologien, Erfahrungen und Prozesse einbringen und diese Leistungen implementieren, profitieren sie selbst vom Wissen der anderen und verbessern sowohl die eigene operative Effizienz und Exzellenz als auch die Kundenzufriedenheit.

Ein *Network of Excellence* ist daher ein Angebot an alle Netzwerkpartner, das eigene Portfolio mittelbar zu erweitern, aber auch ein Versprechen an all diejenigen, die sich leidenschaftlich darauf einlassen wollen, als Teil eines kollaborierenden Netzwerks in gemeinsamen Projekten aktiv aufeinander zuzugehen und zu kooperieren. Der Aufbau einer *3D-Kompetenzmatrix* und das virtuelle *House of BKW Engineering*, das dabei entsteht, sind daher eine Netzwerkblaupause für Architekten und Ingenieure, denn es versteht sich als partnerschaftliches Managementmodell der Bauwende und bildet ein idealisiertes Integrationsmodell für Planungs- und Bauprojekte.

Unter einer *Kompetenzmatrix* versteht BKW Engineering die visuelle, nachvollziehbare Darstellung ihrer Leistungsportfolios, die sich organisatorisch in sogenannte Business Units (BU) und -Departments (Netzwerkpartner) gliedert. Diese *BEN* Netzwerkkarte bietet Orientierung und ein wechselseitiges Verständnis für Organisation und Leistungsbreite des *Network of Excellence*. Die Fach- und Leistungsbereiche werden weiter in Linien unterteilt und gruppiert, damit die fachspezifische Nähe von Grundleistungen, besonderen Leistungen und Spezialkompetenzen gewerkeübergreifend erleichtert und optimiert zusammengeführt werden kann. Als Beispiel sei die Business Unit Architecture & Design mit den eigenständig agierenden Fachbereichen Architektur, Innenarchitektur, Städtebau und Landschaftsarchitektur sowie Design genannt. Die dritte Dimension als *3D-Kompetenzmatrix* ist das Ziel dieser Netzwerkkarte, dass hinter jeder Leistung (sozusagen in die Tiefe der Matrix betrachtet) alle Leistungen mit Referenzprojekten nachgewiesen werden können und bestenfalls Ansprechpartner und Zuständige für Dritte verfügbar gemacht werden. Somit wird ein virtuelles *House of BKW Engineering* als eine Art *Digitaler Zwilling* aufgebaut.

Grundsatzfragen

Warum ein Planungsnetzwerk? Warum *Networking Design*?

Nach dem Grundsatz der verbindlichen Zusammenarbeit soll die Handlungsfreiheit unserer Netzwerkpartner gewahrt bleiben, wirtschaftliche Sicherheit geben und zu wachstumsfähigem Wohlstand führen. Durch das Teilen des Risikos und die gemeinsame Nutzung von Chancen werden neue Möglichkeiten eröffnet. Und dennoch, die Methode der *Shared Design Economy* setzt beherzt auf die Bewahrung der Eigenverantwortung im Rahmen sinnstiftender Spielregeln, die in jedem Mannschaftsspiel existieren. Die Einführung einer gemeinsamen Organisationsstruktur ist speziell auf die Förderung des Unternehmertums, dem Teilen von Kapazitäten, Kompetenzen und Wissen sowie auf die Umsetzung unterstützender Dienstleistungen durch zentrale *Shared Services* ausgerichtet, um für alle Beteiligten den gewünschten Wohlstand zu ermöglichen. Wohlstand ist eine wichtige Voraussetzung für Investitionen in die Zukunft des Büros und bietet insbesondere Möglichkeiten für Wachstum, Weiterentwicklung und Anpassung an die marktspezifischen Anforderungen.

Was motiviert das *Network of Excellence*?

Es ist unsere Ambition und eine Einladung an unsere Netzwerkpartner, Kompetenzen zu erwerben und zu vervollkommnen, um auf diese Weise eigene strategische Ziele zu erfüllen und allgemeine Marktopportunitäten zu bedienen. Darüber hinaus sprechen wir auch alle Architektur- und Ingenieurbüros an, die in Zukunft *anders planen und bauen* wollen. Diese Idee ist zudem auch ein Versprechen an all diejenigen, als Teil des Netzwerks in gemeinsamen Projekten aktiv aufeinander zuzugehen.

Wie viel Wachstum ist verträglich?

Es besteht ein erhebliches Wachstumspotenzial in einem jedoch stark fragmentierten Markt. Die für das Portfolio von BKW Engineering adressierbare Marktgröße liegt – laut Berechnungen der BKW AG auf Basis verschiedener Quellen – bei rund 48 Mrd. Euro mit einem prognostizierten Wachstum von etwa 6 % bis 2030 [(3)].

Ein stabiles Wachstum auf hohem Niveau und ein Potenzial durch Marktanteilsgewinne und Marktwachstum in den Tätigkeitsfeldern von BKW Engineering sind grundsätzlich möglich. Ein rein organisches Wachstum innerhalb dieses fragmentierten Marktes erscheint jedoch nur begrenzt realistisch. BKW Engineering zählt bereits heute zu den größten Lösungsanbietern für die Generalplanung im DACH-Raum – mit einem geschätzten Marktanteil von rund 8 %. Unser Ziel ist es, diesen Anteil bis 2030 weiter auszubauen.

„*Gesichter einer Stadt*“, Mexikanische Botschaft, Berlin, Assmann Beraten + Planen GmbH, © Paul Krämer

*Unsere **Ambition** ist es, durch das gezielte Zusammenführen langjähriger Erfahrung im Netzwerk echte Mehrwerte (Nachhaltigkeit) zu schaffen – für die Planung, Beratung und Steuerung zukunftsfähiger Infrastrukturen und Gebäude.*

Was sind die Anforderungen und Entwicklungen des Marktes?
Aus der Komplexität und Diversität des Marktes heraus kommt BKW Engineering zu folgendem Ergebnis in Bezug auf ihr Wachstum: Ausbau der Kapazitäten als Integralplaner (Hochbau & Infrastruktur) und Projektmanager, Erweiterung der Spezialkompetenzen sowie Erweiterung des Leistungsspektrums aus Architektur- und Objektplanung.

Bis 2030 wird eine erhebliche Steigerung des adressierbaren Marktvolumens erwartet. Langfristige Investitionspläne in allen Bereichen der Infrastruktur werden durch die Energie-, Verkehrs- und Wärmewende zusätzlich angetrieben. Das ökonomische Ziel des *BEN Masterplan 2030* ist eine Umsatzverdopplung bis 2030 mit einer einhergehenden Steigerung der Netzwerkprofitabilität.

Aufgrund der gegenwärtigen Marktbedingungen bildet sich zunehmend der Trend einer steigenden Nachfrage nach Planung, Beratung und Steuerung von komplexen Projekten heraus, die von folgenden Faktoren beeinflusst wird: immer anspruchsvollere Anforderungen von Bauherren und Auftraggebern und die Auslagerung von Management bei komplexen Projekten aufgrund von besonders ausgelasteten oder fehlenden eigenen Kapazitäten sowie eine hohe Nachfrage nach Spezialkompetenzen.

Des Weiteren besteht eine steigende Energie- und Ressourceneffizienz durch modulares Planen und Bauen mit hohem Vorfertigungsgrad und die Effizienzsteigerung durch KI in Planungs- und Steuerungsprozessen.

Damit einhergehend sorgt eine fortwährende Transformation der Energiesysteme für nachhaltige und resiliente Infrastrukturen, die energetische Sanierung von Bestandsgebäuden und für den Ausbau der Elektrifizierung der Wärmeversorgung und des Verkehrs.

Aus all diesen Punkten ergeben sich konkret drei strategische Entwicklungstendenzen für die BKW Engineering gemäß ihres *BEN Masterplan 2030*. Wir bauen unser vorhandenes und im Markt bekanntes Portfolio qualitativ und quantitativ kontinuierlich aus. BKW Engineering ist und bleibt auf diesem Weg künftig weiterhin betont unabhängig, beratend, planend und steuernd tätig:

- **Ausbau der Kernkompetenz Integralplanung** – In den zwei Business Units *Buildings & Construction* sowie *Infrastructure & Environment* liegt der Schwerpunkt in unseren Kernmärkten der DACH-Region im Bereich von komplexen und großen Projekten. Wir fokussieren unsere Leistungen im Leistungsbild der Planung auf die integrierte Generalplanung komplexer Hochbau- und Infrastrukturprojekte und passen unser Leistungsangebot spezifisch an das Projekterfordernis und die Aufgabenstellung unserer Auftraggeber an.

- **Ausbau von Spezialkompetenzen** – Unser Fokus liegt in den Bereichen Nachhaltigkeit, Wärmeplanung, Bauphysik und Umwelt sowie Freiraumplanung. Im Leistungsbild der Beratung stellen wir über das bestehende Leistungsbild hinaus die ganzheitliche Beratung der Auftraggebenden in den Vordergrund. Aufgaben wie z. B. Facility-Management, Finanzberatung und juristische Beratung (im Rahmen unserer rechtlichen Möglichkeiten) werden projektbezogen und auf Wunsch in Kollaboration mit namhaften Unternehmen der Finanzwirtschaft und mit Rechtsanwaltskanzleien angeboten.

- **Auf- und Ausbau der Business Units Architecture & Consulting, Consulting & Testing** – Unsere Expertise und Kapazitäten in der entwurfsstarken Architektur- und ganzheitlichen Objektplanung in Deutschland, Österreich und in der Schweiz wird gezielt erweitert. Für das Leistungsbild der Steuerung bieten wir die Leistungen in den Bereichen Projektmanagement und Projektsteuerung als eigene Kernkompetenzen an. Dabei passen wir unsere Leistungsbilder den sich verändernden Anforderungen an. So nehmen Leistungsbilder wie z. B. das Bau-Monitoring oder Qualitätsmanagement, die vermehrt am Markt angefragt werden, einen immer größeren Stellenwert ein.

1 PFID: *Selbstdarstellung der Plattform für Innovation und Digitalisierung.* Online verfügbar unter: www.pfid.de (Zugriff am 16. 10. 2025).
2 PFID: *Cross Innovation – Zukunftsstrategie für Unternehmen.* Online verfügbar unter: www.pfid.de (Zugriff am 16. 10. 2025).
Siehe ferner: Dirk Böttner-Langolf, Markus Garn (Initiator), Prof. Dr. Mareike Heinzen, Prof. Dr. Sören Salomo in Kooperation mit Julian Heinrich und Dr. Daniel Strecker, Fraunhofer IMW, Cross Innovation, Präsentation vom 08.12.2022, online verfügbar unter: https://pfi-d.net (abgerufen am [Datum deines Abrufs]); vgl. ferner: Glockner, H.; Neef, A. (2015): Cross Industry Innovation, Gabler Online Lexikon; Wikipedia-Eintrag zu Cross Innovation; Z-Punkt Website; PFID, Version 1, 24.05.2023.
3 Die Zahlen basieren auf einer internen Berechnung der BKW AG unter Verwendung externer Datenquellen: Euroconstruct; Bundesamt für Logistik und Mobilität (BMDV, DE); Statistisches Bundesamt (Destatis); Factiva.

„*Fliessende Räume*", Haus Salvenblick, Kirchberg, planquadrat Elfers Geskes Krämer GmbH, © planquadrat Elfers Geskes Krämer GmbH

„Logistische Räume“, Güterterminal Werndorf, Graz, IKK Group GmbH, © Güterterminal Werndorf Projekt GmbH

1.6 Wo sind die Zielgruppen?

Die beiden Zielgruppen, die wir mit dem Geschäftsmodell unseres *Network of Excellence* erreichen wollen, sind unsere Auftraggebenden und zukünftigen Netzwerkpartner. Zum einen sind es also alle Personen, Unternehmen oder Entwicklungsgesellschaften der Privatwirtschaft und öffentlichen Hand, die durch die Beauftragung von Planungs- und Beratungsleistungen Unterstützung für die Umsetzung ihrer Bauvorhaben suchen.

Networking Design von BKW Engineering ist keine *Blue Collar*-Bauleistung, sondern die Fähigkeit, alle wesentlichen Aspekte von der Idee über die Beratung und Planung bis zur Berechnung, Ausschreibung, Vergabe, Objektüberwachung und Dokumentation oder der kontinuierlichen Projektsteuerung zu koordinieren und zu integrieren. Zum anderen sind es alle Architektur- und Ingenieurbüros, die sich vorstellen können, ebenfalls Teil eines Unternehmensnetzwerks zu sein, um die Vorteile einer kollaborierenden Netzwerkplanung mit ihren Grundsätzen *Gemeinschaft stärken*, *Wissen teilen* und *Mehrwerte schaffen* für sich zukünftig in Anspruch nehmen zu können.

Zur Klarstellung der Zielgruppen einer *Shared Design Economy* liegt der Fokus auf komplexe Großprojekte oder kleinere Projekte, die allerdings eine hohe Spezialkompetenz erfordern. An dieser Stelle soll durch gezielte Annahmen der mögliche Personen- oder Unternehmerkreis eingegrenzt werden. Die sich daraus ergebenden Antworten bestärken die Beauftragung oder die Teilnahme am *Network of Excellence*. Es ist zu erkennen, an welche Zielgruppe sich die Einladung von BKW Engineering richtet. In diesem Zusammenhang gelten zunächst folgende Voraussetzungen:

> Die 2025 weiterentwickelte Leistungsbreite von BKW Engineering lässt sich als eine Netzwerkkarte darstellen. Sie beinhaltet in einer 3D-Kompetenzmatrix alle wesentlichen Tätigkeitsfelder und Fachbereiche und verhält sich wie die Startseite eines Intranets oder Webauftritts, die es allen Interessierten ermöglicht, schnell und unkompliziert auf Kompetenzen und mögliche Leistungen des *Network of Excellence* zuzugreifen.
>
> Darüber hinaus zeigt sich die Organisation des *Network of Excellence* in Business Units, Departements und Spezialkompetenzen, die als Touchpoints im Markt agieren können. Sie markiert einen entscheidenden Schritt für die Umsetzung unserer Wachstumsstrategie *BEN Masterplan 2030*, die die Aufrechterhaltung und Weiterentwicklung des Status quo eines individuellen Unternehmers auch nach Beitritt eines Intrapreneurships im Netzwerk anstrebt, d.h. von Architekten und Ingenieuren aller Disziplinen der Bauwirtschaft innerhalb der DACH-Region.

Kollaborierende Netzwerkplanung ist ein zeitgemäßes Integrationsmodell für Planungs- und Bauprojekte. Im Idealfall kann sie je nach Entwicklungsgröße und Leistungsweite sogar einen wirkungsvollen Beitrag für die Bauwende leisten. Des Weiteren geht es nach den Erfahrungen der ersten zehn Jahre um einen unternehmerischen Strategiewandel innerhalb von BKW Engineering, nämlich von einem passiven, beobachtenden und opportunistisch handelnden Investor hin zu einem strategischen, dienstleistenden Servicemodell bzw. provider. Durch die konsequente Wandlung in einen aktiven Eigentümer, der sich bewusst nicht *in das operative Tagesgeschäft einmischt*, positioniert sich das *Network of Excellence* mit seiner Leistungsbreite als Vorreiter in der nachhaltigen Transformation der Bauwirtschaft und legt den Grundstein für seinen langfristigen Erfolg.

Die Aufgabe von BKW Engineering ist:

Paving the way to excellence!

Denn wir versuchen, für unsere Netzwerkpartner optimale Rahmenbedingungen zu schaffen, damit unser gemeinsamer Ansporn und unsere Ambition gelebt werden kann als *Network of Excellence* und um eine im Wortsinn *herausragende* Leistung anbieten zu können.

Die folgenden sieben Fragen erlauben des Weiteren eine erste Annäherung an die Kriterien, die helfen, Interessenten zu identifizieren, die für die Teilnahme an einem Managementmodell der Netzwerkplanung geeignet erscheinen:

Wer kommt infrage?
Planungsbüros und -gesellschaften aus dem Architektur- und Ingenieurwesen, die im Sinne der geltenden Honorarordnung von der Konzeption bis zur baulichen Umsetzung Bauherren und Auftraggeber begleiten.

Was wird angestrebt?
Etablierung einer modernen Methodik auf dem Weg zu einer *Shared Design Economy* in einem bestehenden Managementmodell *Networking Design*. Durch die Auslagerung zentral organisierter gemeinschaftlich genutzter und zentralisierter Dienstleistungen (*Shared Services*) können sich Architekten und Ingenieure stärker auf ihr ursprüngliches Kerngeschäft konzentrieren.

Wo liegen die Märkte?
Alle beteiligten Unternehmen stammen aus dem deutschsprachigen DACH-Raum, also aus Deutschland, Österreich und der Schweiz. Ihr gemeinsames Mindset, der kulturelle Hintergrund und ihre unterschiedlichen Erfahrungen sind wesentlich. Ihr geografischer Standort ist eher sekundär, weil eine professionelle Digitalisierung mit regionaler Vernetzung sie ortsunabhängig macht. Diese Unternehmen könnten sogar national und international tätig sein. Sie arbeiten in einem Tätigkeitsbereich der Bauwirtschaft, der bislang noch nicht durch das bestehende Netzwerk abgedeckt ist und der den geografischen Footprint von BKW Engineering verbessert, um den Aspekt *close to the client* besser anbieten zu können. Oder sie sind in einem Marktsegment tätig, das die zukünftige Ausrichtung der Bauwirtschaft bedient, wie z. B. serielles Bauen mit hohem Vorfertigungsgrad oder die resiliente Anpassung von technischen Infrastrukturen, die Verbesserung öffentlicher Infrastrukturen wie Bahntrassen und Brücken. Ein weiterer Markt sind alternative Infrastrukturen für Wasserstoff und Fernwärme oder Medientransportsysteme der Carbon-Capture-Technologie sowie für Industrial Engineering und Umweltökologie.

Wann sollte die Umsetzung vollzogen werden?
Sobald wie nur möglich, weil es sich um grundlegende unternehmerische Veränderungen handelt, die das *eigene* Büro durch eine Transformation zukunftsfähig machen. Eine schnelle zeitliche, aber auch eine aus Gründen der Qualität zielgerichtete Reorganisation zur besseren Kompatibilität mit dem Netzwerk steigert die Motivation der Mitarbeiter in Hinblick auf Kollaboration, sichert langfristig jedoch ihre Arbeitsplätze und führt zu einem nachhaltigen Gewinn aller.

Wie erfolgt diese Adaption übergeordneter Prozesse im Netzwerk?
Die Planungsgesellschaft wird als Netzwerkpartner nach einem vertrauensvollen, erfolgreichen Merger-&-Acquisition-Prozess durch die Übernahme in die Organisationsstruktur von BKW Engineering implementiert. Die eigenständige, eigenverantwortliche und operative Handlungsfähigkeit des Unternehmers wird in einem ausgewogenen Verhältnis zu zentralisierten Dienstleistungen gehalten.

Warum sollte dies geschehen?
Die Netzwerkpartner, häufig motiviert durch Nachfolgeregelungen, streben danach, ihre Zukunft innerhalb einer größeren Gemeinschaft von Unternehmen aus dem eigenen Berufsfeld zu sichern. Darüber hinaus verändert sich die organisierte Arbeitsweise. Durch das Teilen von Kapazitäten, Kompetenzen und Wissen können Entwicklungen und Veränderungen in der Hochbau- und Infrastrukturplanung leichter verfolgt werden. Alternativ suchen sich z. B. Start-ups Unterstützung in einem wirtschaftlich starken Verbund Gleichgesinnter. Ziel ist es, durch geteiltes Wissen in einer kollaborierenden Netzwerkplanung (*Shared Design Economy*) die Qualitäten zu stärken.

Welche Ziele werden darüber hinaus angestrebt?
Sichtbarkeit und Auffindbarkeit sollen gesteigert und nachvollziehbar gemacht werden. Der Aufbau als 3D-Kompetenzmatrix folgt der Idee, dass hinter jeder Leistung und Kompetenz – sozusagen in der Tiefe der Karte – ebenfalls Referenzen und Ansprechpartner zu identifizieren sind.

„Eine Lösung – modularer Wohnungsbau“, Typenhaus, Berlin,
Arnold und Gladisch Objektplanung Generalplanung GmbH, © Paul Krämer

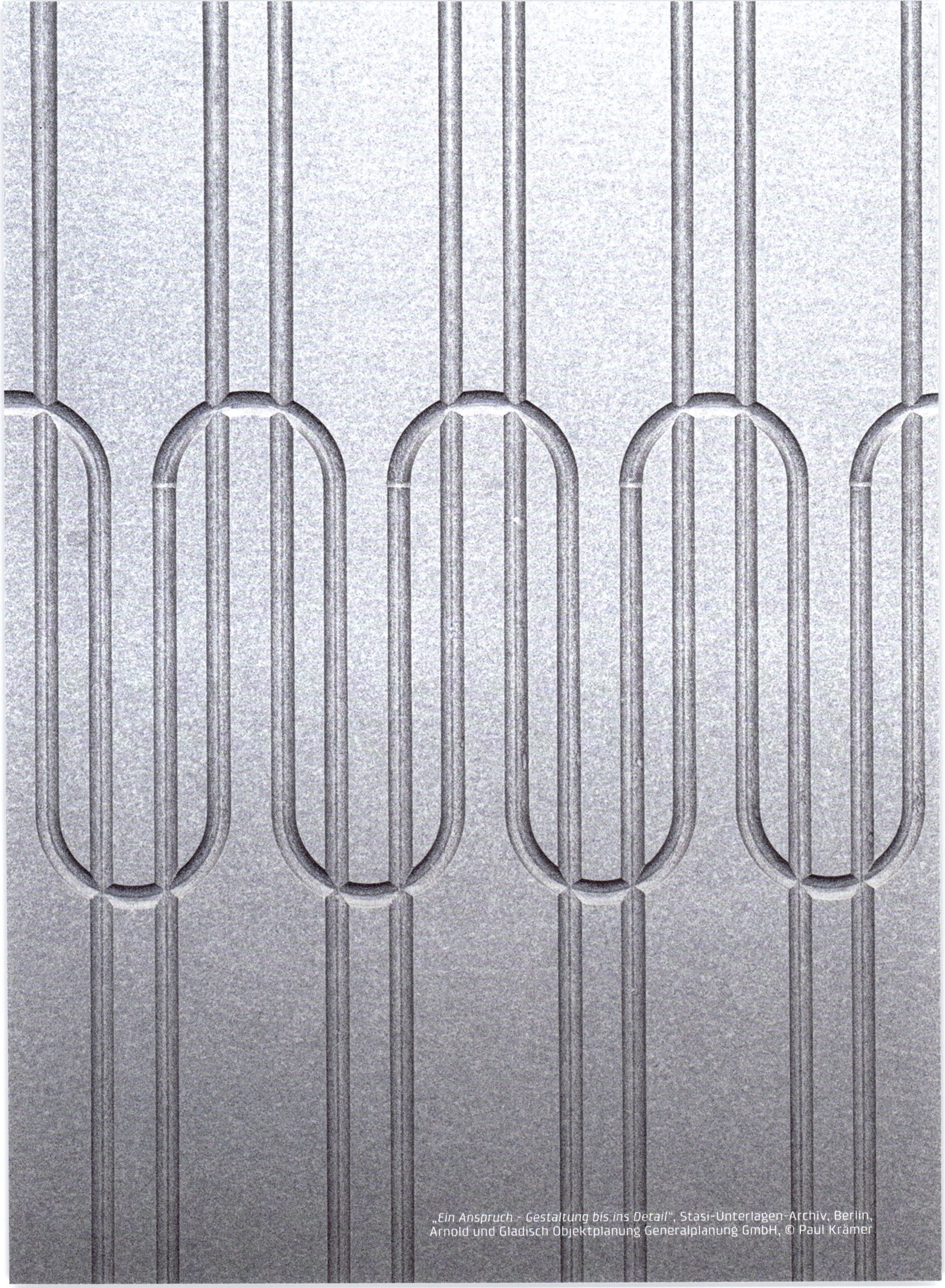

„*Ein Anspruch - Gestaltung bis ins Detail*", Stasi-Unterlagen-Archiv, Berlin, Arnold und Gladisch Objektplanung Generalplanung GmbH, © Paul Krämer

1.7 Was sind die Grundsätze, Kernwerte und Prämissen?

Ein *Markenclaim* ist für uns ein kurzer, prägnanter Slogan oder eine Aussage, die die Essenz einer Marke, ihr Versprechen oder ihre zentrale Botschaft vermittelt. Er dient dazu, die Identität und die Werte eines Unternehmens oder Produkts klar und einprägsam zu kommunizieren. Ein guter *Markenclaim* ist leicht zu merken, differenziert die Marke von der Konkurrenz, spricht die Zielgruppe emotional an und hilft dabei, das Image und die Wahrnehmung der Marke in den Köpfen der Kunden zu stärken und eine emotionale Bindung aufzubauen.

Wir streben eine ideale Form der Zusammenarbeit in einem Netzwerk aus Architekten und Ingenieuren an. *Exzellent* ist für uns eine Lösung dann, wenn sie für Mensch, Umwelt und Gesellschaft Fortschritt bedeutet und zugleich den Wandel zu einer dauerhaft lebenswerten Welt vorantreibt.

> *„Exzellent ist in unserem Sinne eine Lösung dann, wenn sie für Mensch, Umwelt und Gesellschaft Fortschritt bedeutet, den Anforderungen des Auftraggebenden entspricht und den Wandel zu einer dauerhaft lebenswerten Welt vorantreibt. Das erreichen wir, indem wir die Stärken verantwortlich agierender Ingenieure, Architekturschaffender und Expertinnen für eine multidimensionale Integralplanung in einer Shared Design Economy zusammenbringen. Dann entsteht daraus mehr als nur Netzwerk –* ***es entsteht Zukunft.***“
>
> **Dr. Stefan Nixdorf**

Nachdem die genannten Zielgruppen des Netzwerks identifiziert worden sind, fassen wir das gemeinsame Narrativ unserer Corporate Communication in zehn Aussagen zusammen:

Markenclaim
Unser Markenclaim lautet *Network of Excellence* und ist unsere Ambition sowie ein Versprechen an uns und unsere Kunden und Auftraggebenden. Es ist unsere Entscheidung und Überzeugung, dass gebündelte Kompetenz Wachstum sichert und Vertrauen schafft: *Zusammenwachsen, um zusammen zu wachsen.* Wir definieren diesen Anspruch als Engagement für Kompetenz, Qualität und Leistung in der Idealform der Zusammenarbeit von Architekten und Ingenieuren.

Netzwerkkultur
Die Motivation, die uns antreibt, wollen wir so leben, dass dieser Antrieb im Alltag unserer Projekte spürbar wird. *Keine Konfrontation, sondern Kollaboration* oder anders ausgedrückt: *Let's be kind to the world!* ist daher unsere Ambition, die wir nicht allein im Umgang miteinander oder in Partnerschaft mit unseren Bauherren zeigen wollen. *Kind* ist für uns mehr als nur freundlich oder gütig zu sein, sondern ist in diesem Sinne mehrdimensional als *wertvoll* gemeint für unsere gebaute Umwelt, Gesellschaft und Zukunft, für die wir die planerische Verantwortung übernehmen wollen.

Business Area
BKW Engineering ist eine von fünf Business Areas in der BKW AG. Als Planungs- und Beratungsgesellschaft übernimmt dieser Geschäftsbereich Leistungen innerhalb seiner Business Units wie *Architecture* | *Engineering* | *Consulting* | *Expertise*. Wir wollen einen Mehrwert bieten.

Geschäftsmodell
Wir betreiben das Geschäftsmodell einer kollaborierenden Netzwerkplanung oder *Networking Design*. Es ist die Skalierung der seit Jahrzehnten in der Baubranche bekannten Generalplanung von Architekten und Ingenieuren aus einem Haus. Wir sind ein kundenorientiertes Netzwerk aus Planungs- und Beratungsgesellschaften. Die methodische Zusammenarbeit sehen wir als strategischen Marktvorteil und klaren Mehrwert im Planungsergebnis unserer Bauherren. Dieser Anspruch gilt für alle Maßstäbe der Baubranche vom Gebäude bis zur Infrastruktur.

Leistungsstärke
Unsere Leistungsstärke ist die *Methodenkompetenz* einer Integralplanung. Durch das Bündeln von Know-how arbeiten wir in unserer Kernkompetenz als eingespieltes Team im eigenen Haus mit einem klaren Verständnis für eine interdisziplinäre Zusammenarbeit im Projekt. Es handelt sich eben nicht um eine temporäre Generalplanungsgesellschaft. Das Netzwerk von BKW Engineering ist nach dem Verständnis des Phasenmodells von Bruce Tuckman [(1)] als eingespieltes Team bereits von Beginn an performant und es folgt die effektive Zusammenarbeit.

Prinzip

Wir arbeiten nach dem Prinzip einer *Cross Innovation*, um sich gegenseitig stark zu machen, statt im *Silodenken* Partikularinteressen in den Vordergrund zu stellen. Wir wollen Neues entdecken und uns miteinander austauschen. *Cross Innovation* kann durch verschiedene Mechanismen gefördert werden, wie z. B. interdisziplinäre Teams oder Wissensnetzwerke oder offene Innovationsprozesse durch Einbeziehung externer Partner wie Start-ups, Universitäten oder Forschungsinstitute.

Arbeitsweise

Unser Netzwerk ist eine *Shared Design Economy*. Durch das Teilen von Kapazitäten, Kompetenzen und Wissen lebt das Netzwerk vom Miteinander, insofern der einzelne Partner diese Möglichkeit für den Projekterfolg einsetzen möchte. *Cross Selling* soll durch gemeinsames Handeln eine bessere Nachhaltigkeit generieren und Akquisitionsbemühungen des Einzelnen für das Netzwerk nutzbar machen.

Leistungsbreite

Unsere Grundtätigkeiten sind Gestalten und Planen, Beraten und Steuern. Dazu gehören verschiedene Tätigkeitsfelder und Objektarten, Fachdisziplinen und Leistungsbereiche. Von umfassenden Infrastrukturmaßnahmen bis hin zu komplexen Hochbauten bieten wir als Netzwerk eine große Leistungsbreite, um die Auftraggebenden der Privatwirtschaft und öffentlichen Hand ganzheitlich begleiten zu können. Die Bandbreite der verantworteten Objekte reicht vom Maßstab eines Gebäudes nahezu jeder Hochbauart bis hin zu städtebaulichen Quartieren oder technischen Infrastrukturmaßnahmen inklusive der damit verbundenen Umweltthemen.

Gemeinsame Wertekultur

Durch gemeinsame Werte wollen wir Vertrauen schaffen in das Miteinander von Architekten und Ingenieuren. In unserer gemeinsamen Wertekultur geben drei Grundsätze unserer beruflichen Überzeugungen wieder und bilden vier Kernwerte unsere Orientierungsziele (wird nachfolgend weiter erläutert). Und wir gehen einen Schritt weiter und übertragen unsere Ambitionen auf das operative Projektgeschäft, indem wir sechzehn Prämissen formulieren, die den Strich, die Berechnung und die Planung beeinflussen.

Sinn und Zweck

Es ist die Kernaufgabe unseres Netzwerks, den Weg freizumachen, um *Excellence* entstehen zu lassen, zu bewahren und das Unternehmertum des Einzelnen zu fördern. Deshalb mischen wir uns in das unternehmerische Projektgeschäft nicht ein, sondern setzen auf Eigenständigkeit und Eigenverantwortung, obwohl wir als BKW Engineering 100 %-Eigentümer der Unternehmungen sind. Zusammenarbeit bedeutet für uns: „*Als Netzwerk bewahren und fördern wir Excellence und Eigenverantwortung unserer Netzwerkpartner.*“

Für die Erreichung der Ziele agiert BKW Engineering auf zwei Ebenen der Verantwortung mit klaren Zuständigkeiten: Gegenüber den Auftraggebenden übernehmen alle Netzwerkpartner eine operative Projektverantwortung. Durch eine ganzheitliche Planung und Beratung sollen auf diese Weise echte Mehrwerte für den Auftraggeber erzeugt werden.

Gegenüber den angebundenen Netzwerkpartnern der Architekten und Ingenieure übernimmt die Dachgesellschaft BKW Engineering die übergeordnete Klammerfunktion mit der strategischen Verantwortung, ohne in das Projektgeschäft unmittelbar einzugreifen.

> *Alles aus einer Hand* ist für die Umsetzung des Projektalltags unsere Überzeugung, die einen Vorteil für alle Projektbeteiligten haben soll, weil typische Reibungsverluste reduziert werden. *Stärke durch Gemeinschaft* ist unsere eigene Entscheidung und kein kategorischer Imperativ für unsere Wettbewerber im Markt.

Es ist auch nicht die Absicht strikter Vorgaben für die operative Handlungsweise, sondern es bleibt ein wichtiger Vorschlag, die Herausforderungen der Bauwende gemeinsam mit den Bauherren besser zu meistern – zusammen halt. Daraus haben wir drei **Grundsätze** als verbindliche berufliche Überzeugungen formuliert:

Gemeinschaft stärken
Wir sind davon überzeugt, dass sich Stärke durch Gemeinschaft mit einer Netzwerkplanung optimal erreichen lässt.

Wissen teilen
Wir glauben, dass Wissen teilen *schlau* ist und damit nachhaltig Wirkung erzielt, ganz unabhängig davon, an welcher Stelle unserer täglichen Arbeit dies möglich ist und welche Berufsgruppe beteiligt ist.

Mehrwert schaffen
Wir schaffen Mehrwerte, weil die Arbeitsweise *alles aus einer Hand* für den Auftraggeber ein wichtiger Aspekt ist, um kostspielige Reibungsverluste im Projektalltag zu vermeiden. Unsere Haltung soll im Geschäftsmodell unseres *Networking Design* im Projektalltag spürbar sein und sich ganz besonders als kundenorientiertes Planen und Beraten (Customer Centric Design) für den Auftraggebenden als Mehrwert erweisen.

Vier **Kernwerte** sollen unserem Netzwerk eine Orientierung geben und eine gemeinsame Wertvorstellung definieren:

Klimagerecht agieren setzt unternehmerisches Denken und Handeln voraus, sonst werden gute Ideen nicht umgesetzt.

Lebenswerte Lebensräume *schaffen* dient allen Nutzern, um Gesundheit und Wohlergehen zu fördern. Unsere Dienstleistungen und Projekte sollen zur Verbesserung der Lebensqualität beitragen.

Zukunftsweisend planen muss Innovation fordern, aber gleichzeitig Angemessenheit fördern.

Gemeinschaftsorientiert handeln ist eine wesentliche Voraussetzung für eine erfolgreiche Zusammenarbeit. Deswegen ist dieses Ziel bereits an dieser prominenten Stelle angeordnet.

„*Bewegung im artifiziellen Raum*", Ferdinand-Happ-Straße, Frankfurt a. M., planquadrat Elfers Geskes Krämer GmbH, © Kirsten Bucher

Daraus leiten wir sechzehn **Prämissen** ab, die unsere Ambitionen auf das operative Projektgeschäft übertragen sollen:

01 Wir fördern ein leidenschaftliches **Unternehmertum** als Intrapreneurship innerhalb unseres *Network of Excellence* und wahren zugleich die Eigenständigkeit sowie operative Handlungsfähigkeit unserer Netzwerkpartner.

02 Wir beginnen unser ***Customer Centric Design*** mit dem ersten Strich, binden Experten frühzeitig ein und orientieren uns im gesamten Projekt am Kundenbedürfnis.

03 Wir legen Wert auf dauerhafte **Partnerschaften** und gestalten Beziehungen ebenso wertschätzend wie respektvoll zum beiderseitigen Nutzen.

04 Wir stellen uns gemeinsam den **Herausforderungen** von morgen, denken vorausschauend und fordern Innovation, Engagement und Partizipation.

05 Wir planen ganzheitlich und interdisziplinär, übernehmen **Verantwortung** für die eigene Arbeit und denken stets in Lösungen für das Projekt und unsere Auftraggebenden.

06 Wir agieren im Projekt unternehmerisch, handeln pragmatisch, kommunizieren und adressieren **Chancen und Risiken** konsequent.

07 Wir nutzen die **Methodenkompetenz** einer Integralplanung *alles aus einer Hand* in der Zusammenarbeit von Architekten, Ingenieuren und Experten.

08 Wir streben die Konformität mit der **Kreislaufwirtschaft** an, setzen auf wieder- und weiterverwendbare Materialien und beachten die konstruktive Rückbaufähigkeit.

09 Wir unterstützen **serielles Bauen** und alle Baumethoden mit einem hohen Vorfertigungsgrad, um schneller, ressourcenschonender und geordneter zu bauen.

10 Wir reduzieren den **CO_2-Footprint** und entwickeln klimagerechtes Planen weiter unter Berücksichtigung der Einflüsse auf die Daseinsvorsorge.

11 Wir beachten das Vorsorgeprinzip und fördern **Biodiversität** durch ein ökologisches und umweltgerechtes Planen und Beraten.

12 Wir bieten **Chancengerechtigkeit,** moderne Arbeitswelten, Familienfreundlichkeit und unterstützen die Fachqualität mit Schulungen und einem netzwerkübergreifenden Know-how-Transfer.

13 Wir nehmen die Arbeitssicherheit und das **Wohlbefinden** unserer Mitarbeitenden ernst durch Angebote zur Förderung, Erhaltung und Wiederherstellung von Gesundheit.

14 Wir planen modellbasiert in der *Open-BIM-Methode*, arbeiten volldigitalisiert und setzen uns für einen verantwortungsvollen Umgang mit **Künstlicher Intelligenz** als Assistenzsystem ein.

15 Wir gehen sorgfältig mit **Daten** um und sorgen für Zugänglichkeit aller Informationen, damit jeder Planungspartner seine Leistung optimal erbringen kann.

16 Wir sorgen für eine umfassende **Dokumentation** aller Planungen sowie Baumaterialien und leiten aus unseren Projekterfahrungen Planungskennwerte ab.

1 Vgl. Tuckman, Bruce W.: Developmental Sequence in Small Groups. In: Psychological Bulletin, Vol. 63, No. 6, 1965, S. 384–399. Tuckman beschreibt vier Phasen der Teamentwicklung: Forming, Storming, Norming und Performing. In Phase vier („Performing“) ist ein Team gut eingespielt, effizient und leistungsfähig.

2.0 Wie funktionieren Prinzip und Methode in der Anwendung?

In Kapitel 1.0 wurden die unterschiedlichen theoretischen Grundlagen und Beweggründe für eine eigene *Shared Design Economy* mit den dazugehörigen Quellen in Bezug auf eine Neuausrichtung von *BKW Engineering* benannt. In Kapitel 2.0 soll nun aufgezeigt werden, wie diese Treiber von Innovation, Kreativität und Tatendrang in ein konkretes Bauprojekt eingebracht werden können und dabei ihre Wirkung entfalten. Wir zeigen exemplarisch auf, wie *Networking Design* mit unseren Prämissen im operativen Projektgeschäft angewendet wird.

Prämissen als Voraussetzung und Kontext

Der Oberbegriff der *Methode BEN* – ob nun gemäß dem Fahrplan des *BEN Masterplan 2030* oder nach dem Verständnis von *Cross Innovation* – ist die kollaborative Wirtschaft im Sinne einer *Shared Economy*. Wirtschaft wird als Ausdruck von Finanzkraft eines Netzwerks inklusive der dazugehörigen Kompetenzen des Managements und Marketings verstanden, aber auch als Applikation all dieser Kräfte auf ein gemeinsames Ziel. In unserem Fall ist damit der städtebauliche, architektonische und ingenieurtechnische Entwurf eines Gebäudes in urbaner Lage mit einer quasiöffentlichen Funktion gemeint. An diesem Entscheidungs- und Entwurfsprozess sollen die in Kapitel 1.0 benannten Qualitäten sowie die aufgeführten Prinzipien und Methoden aufgezeigt werden.

In der Vermischung von architektonisch-ingenieurtechnischen, ökonomischen und gesellschaftlichen Ansprüchen, die sich aus unserer gegebenen historischen Situation am Ende des ersten Quartals des 21. Jahrhunderts ergeben, legt BKW Engineering inhaltliche Prämissen für ihre Arbeit an Bauprojekten fest. Diese Prämissen ergänzen die drei Grundsätze als berufliche Überzeugungen und vier grundlegende Kernwerte des kollaborierenden Netzwerks oder des *Networking Designs* (klimagerecht, lebenswert, zukunftsweisend und gemeinschaftsorientiert). Hinzu kommt ferner die Orientierung im Projekt und im Team, wo sie die gemeinsame Vision, Mission und Strategie für das Planen und Beraten bilden. Die Prämissen können als eine Form von *Good Governance* auch als eine eigene BKW Engineering Interpretation der ESG-Regeln aufgefasst werden.

„*Unser Stammsitz*", Viktoriaplatz, Bern, BKW AG, © BKW AG

BKW

Auf diese Weise entstanden sechzehn Prämissen, die als inhaltliche Spielregeln einer Netzwerkorganisation zu verstehen sind. Diese Prämissen sind weder abschließend noch endgültig. Eher sind sie dynamische Agenten eines zukunftsträchtigen Planens und Bauens, die sich einer konstant verändernden Marktsituation anpassen. Sie sind unternehmerisch auf die Steigerung der Effizienz, die Verbesserung der Innovationsfähigkeit, die Erhöhung der Kundenzufriedenheit und übergeordnet auf den wirtschaftlichen Erfolg der gesamten BKW AG ausgerichtet. Alle im Folgenden aufgelisteten Prämissen werden in Kapitel 2.0 in den konkreten Bezug zu dem ausgewählten Bauprojekt gebracht, diskutiert und darüber hinaus planerisch relativiert:

Prämisse 01 – **Unternehmertum & Intrapreneurship**

Prämisse 02 – **Kundenorientiertes Design**

Prämisse 03 – **Partnerschaften & Gemeinschaften**

Prämisse 04 – **Herausforderungen von morgen**

Prämisse 05 – **Eigenverantwortung & Allzuständigkeit**

Prämisse 06 – **Chancen & Risiken**

Prämisse 07 – **Integralplanung & Methodenkompetenz**

Prämisse 08 – **Kreislaufwirtschaft & Rückbaufähigkeit**

Prämisse 09 – **Serielles Bauen**

Prämisse 10 – **CO_2-Fußabdruck**

Prämisse 11 – **Biodiversität & Vorsorgeprinzip**

Prämisse 12 – **Chancengerechtigkeit**

Prämisse 13 – **Arbeitssicherheit & Wohlbefinden**

Prämisse 14 – **Künstliche Intelligenz**

Prämisse 15 – **Daten & Informationen**

Prämisse 16 – **Dokumentation & Planungskennwerte**

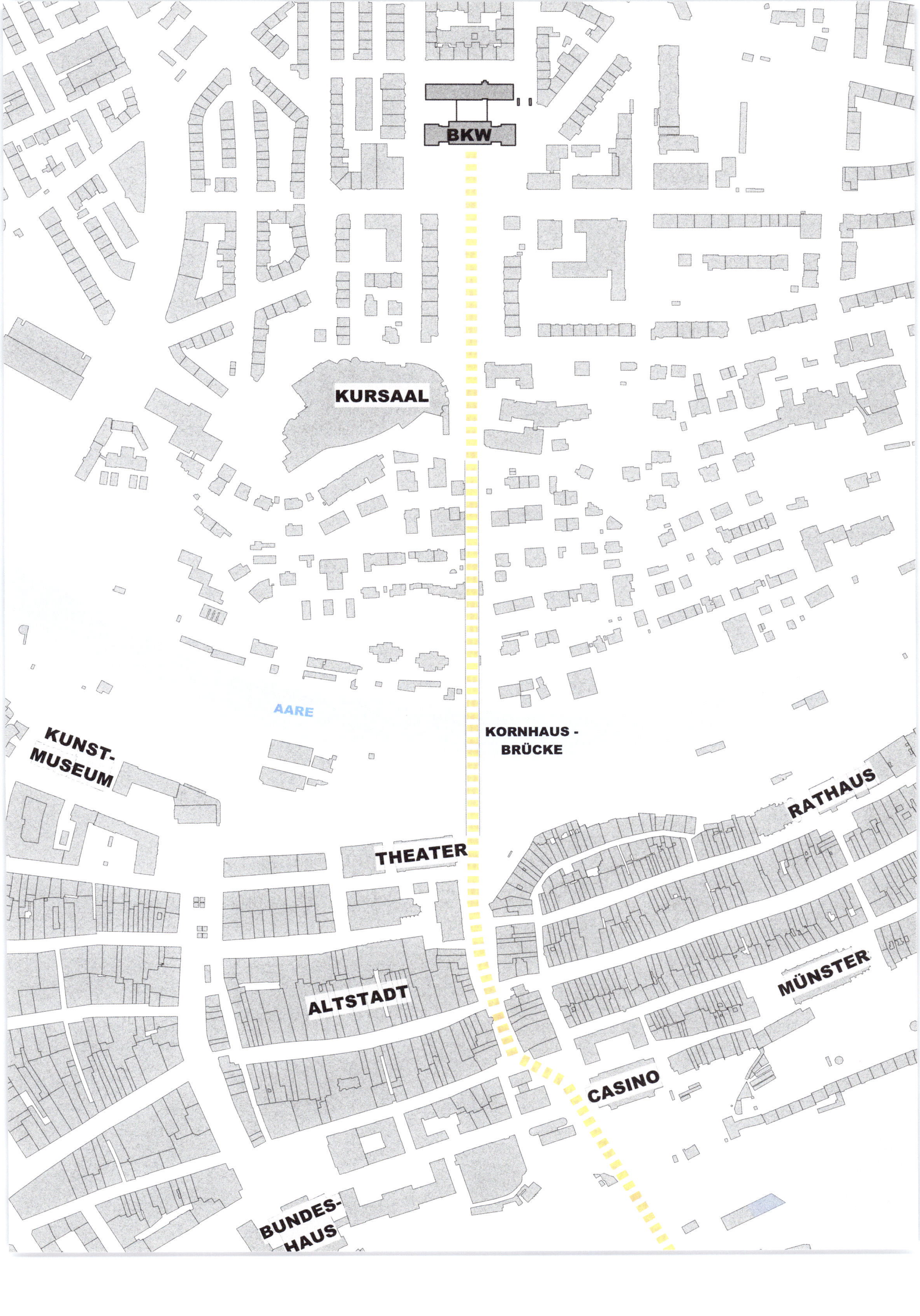
BKW
KURSAAL
AARE
KUNST-
MUSEUM
KORNHAUS -
BRÜCKE
RATHAUS
THEATER
ALTSTADT
MÜNSTER
CASINO
BUNDES-
HAUS

Dieses Ansinnen steht gänzlich unter Rückgriff auf Peter Michael Senges systemischem Denken und der daraus entstandenen Terminologie der *lernenden Organisation.* (1) Wir begreifen Architektur und Infrastruktur und den damit direkt in Verbindung stehenden um- und gebauten Raum als ein komplexes Zusammenspiel von Inspiration, Willen und Wollen. Wir gehen sogar so weit, all dies ganz im Sinne und Kontext von Ernst Blochs *Prinzip Hoffnung* zu interpretieren.

Diese Idee führt uns dahin, dass die *Grundrisse einer besseren Welt* (2) bereits in dem Zustand des *Noch-Nicht-Bewußten* (3) latent verborgen sind und nur noch auf mannigfaltige Art und Weise zum Vorschein gebracht werden müssen. Design, Architektur und Ingenieurbau sind für BKW Engineering Prozesse des Werdens, die sich an und in der Zeit und auch an der Epoche aus- und einrichten. Gewissermaßen beflügelt BKW Engineering einen „*echten utopischen Willen, durchaus kein unendliches Streben, vielmehr: Die objektiven Hoffnungsbilder der Konstruktion drängen so unweigerlich zu denen der erfüllten Menschen selber und ihrer mit ihnen voll vermittelten Umwelt, also Heimat.*" (4)

Was wäre demnach sinnfälliger als das hier benannte, idealtypische *Projekt BKW Plaza* in der Heimat der BKW AG anzusiedeln, in der Schweizer Hauptstadt Bern. Dort befindet sich der BKW Stammsitz zentral und repräsentativ am Viktoriaplatz, auf den eine Magistrale direkt aus der Berner Altstadt zuläuft. Der repräsentative und denkmalgeschützte Altbau mit seiner gewichtigen Natursteinfassade strahlt eine bodenständige Haltung und eine solide Zuversicht aus. Aber den heutigen Ansprüchen genügte das Gebäude über die Zeit immer weniger.

Dieses wenngleich theoretische, aber realistische Idealprojekt passt hervorragend zur Aufklärung unseres Geschäftsmodells der BKW Engineering, dem Zusammenschluss unabhängiger Architektur- und Ingenieurbüros, denn am Stammsitz ist der Zeitpunkt gekommen, Richtungsentscheidungen zu treffen. Bleibt die BKW AG am alten Standort oder verlässt sie die Stadt, um auf der *grünen Wiese* neu und uneingeschränkt zu bauen? Letztere Option wäre die einfache und schnelle Lösung.

Die BKW AG bekennt sich zum Standort und hat daher ihre Tochtergesellschaft BKW Engineering beauftragt, Impulse zur Standortentwicklung zu formulieren. Ein erstes Fazit lautet: praxisnah, ressourcenschonend und klimaneutral mit dem Fokus auf robuste, natürliche Lösungen statt technischer Raffinesse.

2.1 Gemeinsam für eine lebendige Stadt

Ein starkes Bekenntnis zum Standort
Die BKW AG verfügt über einen traditionsreichen Standort in Bern, dessen architektonische Substanz von geschichtlicher Bedeutung ist, jedoch weder in ihrer Struktur noch in ihren funktionalen Standards den Anforderungen eines modernen Unternehmens entspricht. Die Entscheidung der Konzernführung dies planerisch und ganzheitlich zu prüfen, ist ein starkes Bekenntnis zum Standort, zur Kontinuität und Kooperation mit der Stadtgesellschaft.

Es soll in dieser Studie am Standort und an der Entwicklung in der Stadt festgehalten werden, denn darin liegt auch eine große Chance, ein Headquarter zu schaffen, das den Anforderungen der Zukunft gerecht wird, indem nicht nur ein effizientes Arbeiten ermöglicht wwwird, sondern auch ein Impuls für die Entwicklung des gesamten Stadtteils gesetzt wird. Der im Dialog zwischen dem Bezirk Spitalacker und der BKW AG gemeinsam ausgearbeitete Plan kann eine *Win-Win-Situation* für beide Seiten schaffen.

Architektur im Dialog mit Stadt und Gesellschaft
Die neue architektonische Identität der BKW AG soll sich nicht wie historisch zum Entstehungszeitpunkt gegebenenfalls überhöhen oder repräsentieren, sondern glaubwürdig die modernen Werte eines verantwortungsbewussten Unternehmens verkörpern – und ausdrücklich im Dialog mit Stadt und Gesellschaft agieren.

Ein Projekt im Schulterschluss mit der Stadt und dem Quartier
Die Umsetzung dieses Anspruchs gelingt nur gemeinsam. Stadt und Unternehmen – Verwaltung, Politik und Wirtschaft – müssen sich auf eine Allianz einlassen. Eine partnerschaftliche Umsetzung, die im Ergebnis die Chance zur Transformation zeigt – hin zu einer Zukunftsfähigkeit, die nicht nur den Bedürfnissen zeitgemäßer Arbeitswelten gerecht wird, sondern auch einen städtebaulichen Mehrwert für das umliegende Quartier bietet. Das Projekt *BKW Plaza* geht über ein rein funktionales Bauvorhaben hinaus und verfolgt eine integrative Strategie: Private und öffentliche Interessen sollen im Sinne einer zukunftsfähigen Stadtentwicklung miteinander verknüpft werden.

UND: Die Herangehensweise an das Projekt, d. h. die frühzeitige Einbindung von Fachingenieuren in die ersten Überlegungen einer Architektin und der offene Dialog dem jeweiligen Stand der Kenntnis entsprechend, aber phasenübergreifend gedacht, ebenso basierend auf belastbaren Entscheidungsgrundlagen für den Auftraggebenden, sind idealtypisch für die *Methode BEN* und das *Networking Design*.

Nachhaltige Stadterneuerung: offen, verantwortungsvoll und resilient
Nachhaltigkeit bedeutet nicht nur, energieeffizient zu bauen, sondern Ökologie, Ökonomie und soziale Verantwortung zusammenzudenken. Im Fokus stehen eine hohe Nutzungsintensität, flexible Strukturen, eine lange Lebensdauer der Gebäude sowie ein offener und einladender Campuscharakter.
Die neue Arbeitswelt *New Work* soll durch Qualität, intelligente Raumgestaltung und architektonische Klarheit geprägt sein – nicht durch Quantität und Flächenausdehnung um jeden Preis. Der diskutierte Entwurf verkörpert daher moderne Prinzipien von Arbeitsarchitektur, in der Ästhetik, Funktionalität und Nachhaltigkeit eine selbstverständliche Verbindung eingehen. Gleichzeitig soll der neue Campus ein klares Zeichen für Offenheit und gesellschaftliche Verantwortung setzen. Der soziale Mehrwert für das Quartier, den Bezirk Spitalacker, ist kein Nebenaspekt, sondern ein zentrales Anliegen des Entwurfs. Die Partizipation der Stadtgesellschaft wird bewusst angestrebt – sowohl im Planungsprozess als auch im späteren Alltag. Ein offener Campus mit hoher Aufenthaltsqualität lädt ein, schafft Begegnungsräume und leistet damit einen echten Beitrag zur Belebung des städtischen Umfelds.

Bestand und Neubau – verantwortungsvoll kombiniert
Der CO_2-Fußabdruck des neuen Headquarters wird deutlich geringer ausfallen als bei einem vollständigen Neubau auf der grünen Wiese, nicht zuletzt durch die intelligente Weiternutzung der bestehenden Bausubstanz. Das historische Bestandsgebäude bleibt komplett erhalten, während das rückwärtige Gebäude aus den 1960er Jahren aufgrund niedriger Geschosshöhen, schlechter Dämm- und Energiestandards nicht zukunftsfähig ist. Im Sinne der Nachhaltigkeit wird aber *weiter genutzt, was erhalten werden kann* – so entsteht der Neubau auf der bestehenden, verbleibenden Gründung und den Untergeschossen. Dieser ressourcenschonende Umgang mit dem Bestand spart Baumaterial und graue Energie und verlängert die Lebensdauer der bestehenden Strukturen erheblich.

Im Folgenden werden wir dieses idealtypische Referenzobjekt für eine Methodenkompetenz aus zwei Perspektiven betrachten. Zum einen setzen wir unser Agieren in den übergeordneten Zusammenhang von bau- und kunstgeschichtlichen Betrachtungen sowie einer gesellschaftspolitischen Diskussion. Zum anderen beschreiben wir unseren Anspruch und unsere Ambition eines *Networking Designs* am Beispiel einer ganzheitlichen Gebäudekonzeption.

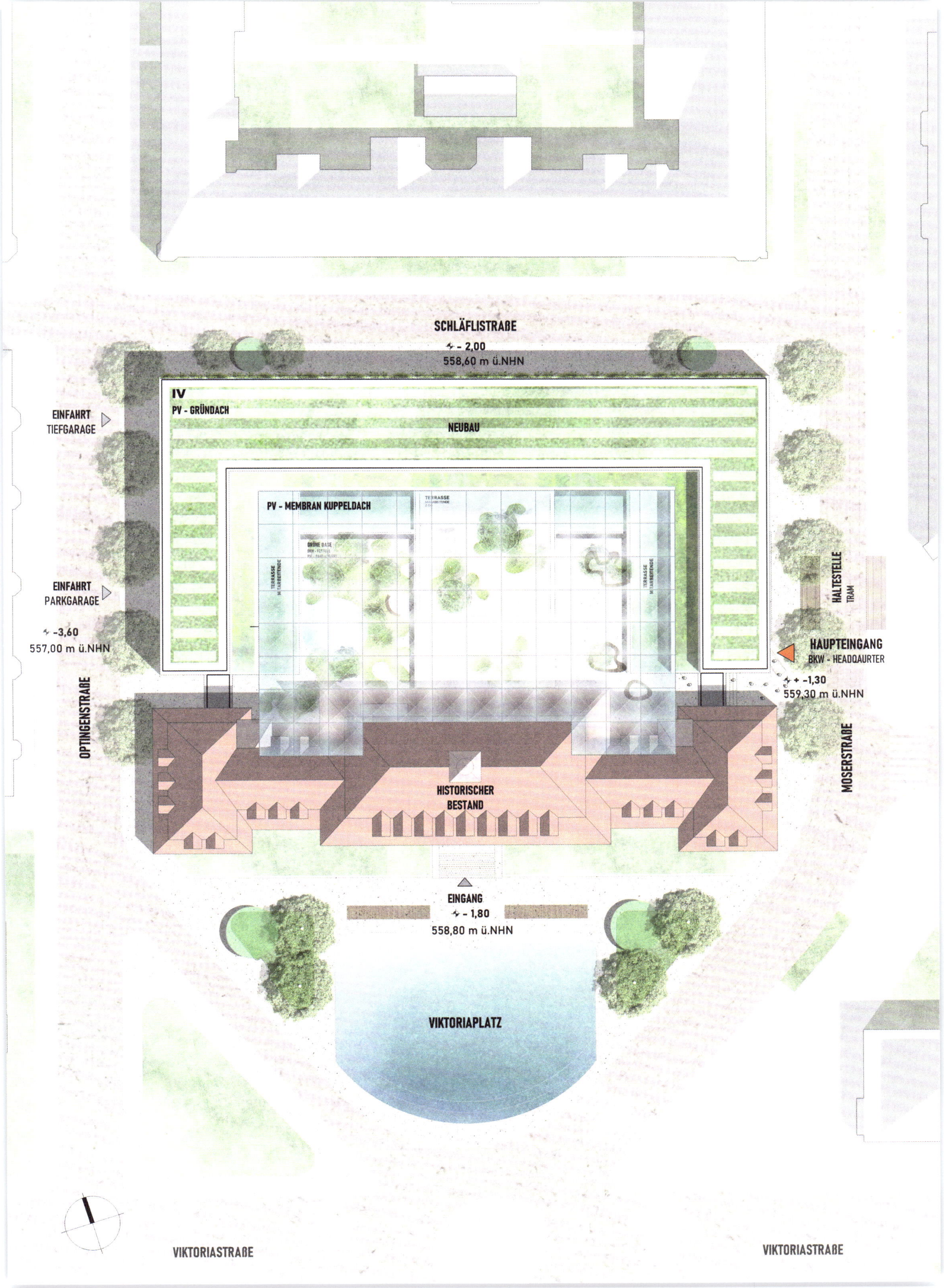

SCHLÄFLISTRAßE
- 2,00
558,60 m ü.NHN
IV
PV - GRÜNDACH
NEUBAU
EINFAHRT
TIEFGARAGE
PV - MEMBRAN KUPPELDACH
TERRASSE
EINFAHRT
PARKGARAGE
-3,60
557,00 m ü.NHN
HALTESTELLE
TRAM
HAUPTEINGANG
BKW - HEADQAURTER
+ -1,30
559,30 m ü.NHN
OPTINGENSTRAßE
MOSERSTRAßE
HISTORISCHER
BESTAND
EINGANG
- 1,80
558,80 m ü.NHN
VIKTORIAPLATZ
VIKTORIASTRAßE
VIKTORIASTRAßE

2.2 Anwendungsbeispiele der Prämissen

Prämisse 01 – Unternehmertum & Intrapreneurship:
Wie ein Treppenhaus ein Symbol für Intrapreneurship wird

Die Neologie *Intrapreneurship* setzt sich aus den zwei englischen Wörtern *intracorporate* (unternehmensintern) und *entrepreneur* (Unternehmer) zusammen und markiert einen wesentlichen Unterschied zu den Wettbewerbern von BKW Engineering.

Damit in Verbindung steht der Anspruch, dass auch regulär angestellte Mitarbeitende (und das sind bei BKW Engineering alle!) unternehmerisches Verhalten an den Tag legen mögen und dafür auch ausreichend Gelegenheiten erhalten. Statt also lediglich *der eigene Herr zu sein*, wird ein Netzwerkpartner Teil eines größeren Unternehmens. Dadurch wird aus einem klassischen selbstständigen Entrepreneur ein *INTRApreneur.*

Umgekehrt bedeutet dieses Verständnis jedoch auch: Statt eines weisungsgebundenen Architekten und Ingenieurs in einem traditionellen Büro bleibt der ehemalige Inhaber im *Network of Excellence* eigenständig und eigenverantwortlich. (Den Arbeitstag nur noch konventionell als *nine to five* zu absolvieren, ist eine weitere Option, die jeder Akteur allerdings für sich selbst entscheiden muss.) Aber durch mehr Verantwortungsbewusstsein, Engagement, Wagnis oder Flexibilität können ganz andere Leistungen und Zufriedenheiten für das Unternehmen und die Angestellten selbst erhalten oder erreicht werden. Deswegen hat BKW Engineering dem Unternehmertum eine so wesentliche Bedeutung zugeschrieben. Der Begriff *Intrapreneurship* wurde 1978 vom US-Unternehmer und Erfinder Gifford Pinchot III (geb. 1942), dem Großenkel des Forstwissenschaftlers Gifford Pinchot, kreiert.

In Wikipedia werden die Voraussetzungen für Intrapreneurship folgendermaßen beschrieben: „Intrapreneurship-Programme umfassen in der Regel ein Bündel an Einzelmaßnahmen, die sowohl beim Unternehmen als auch beim einzelnen Mitarbeiter ansetzen. Das Management muss Unternehmertum fördernde Rahmenbedingungen bereitstellen (z. B. flache Hierarchien, offene Kommunikations- und Informationskultur, Anreizsysteme). Die Mitarbeiter müssen entsprechend geschult werden, um unternehmerische Tugenden (z. B. Kostenbewusstsein, Kundenorientierung, Eigeninitiative) zu verinnerlichen. Zu den innovationsförderlichen Strukturen gehören insbesondere auch:

- Durchdringung des Teams mit Vision und Strategie.
- Verantwortung für Ziele und Ergebnisse.
- Wenige, aber ausreichend viele Regeln und Bürokratie.
- Freiräume – Aktivitäten außerhalb der Stellenbeschreibung erlauben.
- Toleranz gegenüber Fehlern.
- *Transparenz und Partizipation bei Entscheidungen.*" [5]

Wie auch immer die Auswirkungen auf ein Unternehmen und die einzelnen Mitarbeitenden aussehen mögen, BKW Engineering definiert *Intrapreneurship* als die Erweiterung der Prämisse 05, wo die Chancen und Risiken einer Planung und Immobilie durch ein aktives Mitdenken und Handeln allumfassend betrachtet werden. Auch in solch einer Konstellation von Intrapreneurship im eigenen Unternehmen liefern die Planungen für die *BKW Plaza* gelungene Beispiele, wie durch ein reges fachliches Miteinander, sozusagen vom ersten Strich an, das Gebäudekonzept kontinuierlich verbessert wird.

Architektur und Energie sind nahezu untrennbar miteinander verbunden. Diese These belegt auch der Haustechnikingenieur Brian Cody, Professor an der Technischen Universität Graz, der dort seit 2004 das Institut für Gebäude und Energie leitet. Cody gelangt zu der Schlussfolgerung: „… *energy performance is one of the most important design criteria for building design. Achieving sustainability and energy efficiency in building design must not be seen as a problem which constrains creative freedom, but as a challenge which can lead to new architectural qualities.*" [6]

Brian Codys Urteil steht auch gleichbedeutend für eine sinnfällige und frühe Einbindung von Fachleuten aller wesentlichen technischen Kostengruppen, z. B. für Heizung, Lüftung, Kühlung und Sanitäranlagen, in Bauplanungsprozessen. Entsprechend werden bei der *BKW Plaza* z. B. die Experten von *Assmann Beraten und Planen* (Fachlinie TGA) und ihre Entwicklungsabteilung für Energieberatung und -konzeption (Fachlinie FP) unmittelbar eingebunden.

Erste Ermittlungen führen zu folgenden Zielen: Energieverluste werden minimiert und Energiegewinne aus erneuerbaren Quellen maximiert. Thermische Energieerzeugung war die Schlussfolgerung bei BKW Engineering. Die Primärenergie zur Versorgung der Power-to-Heat-Anlage soll über den Spotmarkt für Strom und über die interne Photovoltaikanlage bezogen werden. Die daraus gewonnene thermische Energie wird in mehreren Pufferspeichern (zusammen circa 250 m³) im Untergeschoss gespeichert.

Für den sommerlichen Lastfall wird der Kühlbedarf mithilfe eines Hochleistungsabsorbers (Kältemaschine COP 10) gedeckt, der im Niedrigtemperaturbetrieb primärseitig arbeitet. Diese Absorber werden im Untergeschoss positioniert und die dazugehörigen Rückkühlanlagen im obersten Geschoss (auf dem abgesenkten Dach) positioniert. Die dort installierte Anlage gewinnt voraussichtlich an circa 185 Tagen im Jahr eine zusätzliche Kühlleistung aus der Umgebungsluft.

Der Begriff *visuelle Nachhaltigkeit* existiert im wissenschaftlichen Umfeld offiziell zwar nicht, ist aber Ausdruck für die Sinnhaftigkeit, nachhaltige Baumaßnahmen auch für Laien und Nutzer erfahrbar zu machen. Nicht allein, um zu zeigen, was man Gutes tut, sondern ähnlich einer *architecture parlante*, einer bildlich, geschichtlich selbst erklärenden Bauweise im Sinne des Pariser Revolutionsarchitekten Claude-Nicolas Ledoux (1736–1806). Daher wurde der thermische Speicher des Konzepts *Power to Heat* nicht allein im Untergeschoss positioniert, sondern als sichtbarer Treppenkern. Die zentrale Haupterschließung des BKW Neubaus umkreist damit buchstäblich das Nachhaltigkeitsthema.

Als ergänzende regenerative Energiequelle sollen ebenfalls hocheffiziente Photovoltaikmodule auf dem Gründach installiert werden. Vorab wurde optional untersucht, ob das bedruckte PTFE-Kissendach über dem Innenhof mit PV-Qualitäten ausgestattet werden kann. Außerdem werden Dächer und Terrassen des Gebäudes *BKW Plaza* durchgehend begrünt, das Regenwasser in zwei Zisternen gesammelt und zur Bewässerung der Außenanlagen und Fassadenbegrünung eingesetzt.

Dieser kurze Abriss beeinflusst bereits einige wesentliche Parameter der technischen Kostenstruktur. Wenn diese Entscheidungen angemessen orchestriert werden, lassen sich spätere Projektänderungen nahezu ausschließen. Dieses Vorgehen spart erneut Zeit, Ärger und Geld. Die damit einhergehenden Reibungsverluste sind einer der zentralen Faktoren, die mit der Einbindung aller Mitarbeitenden in das Intrapreneurship vermieden werden.

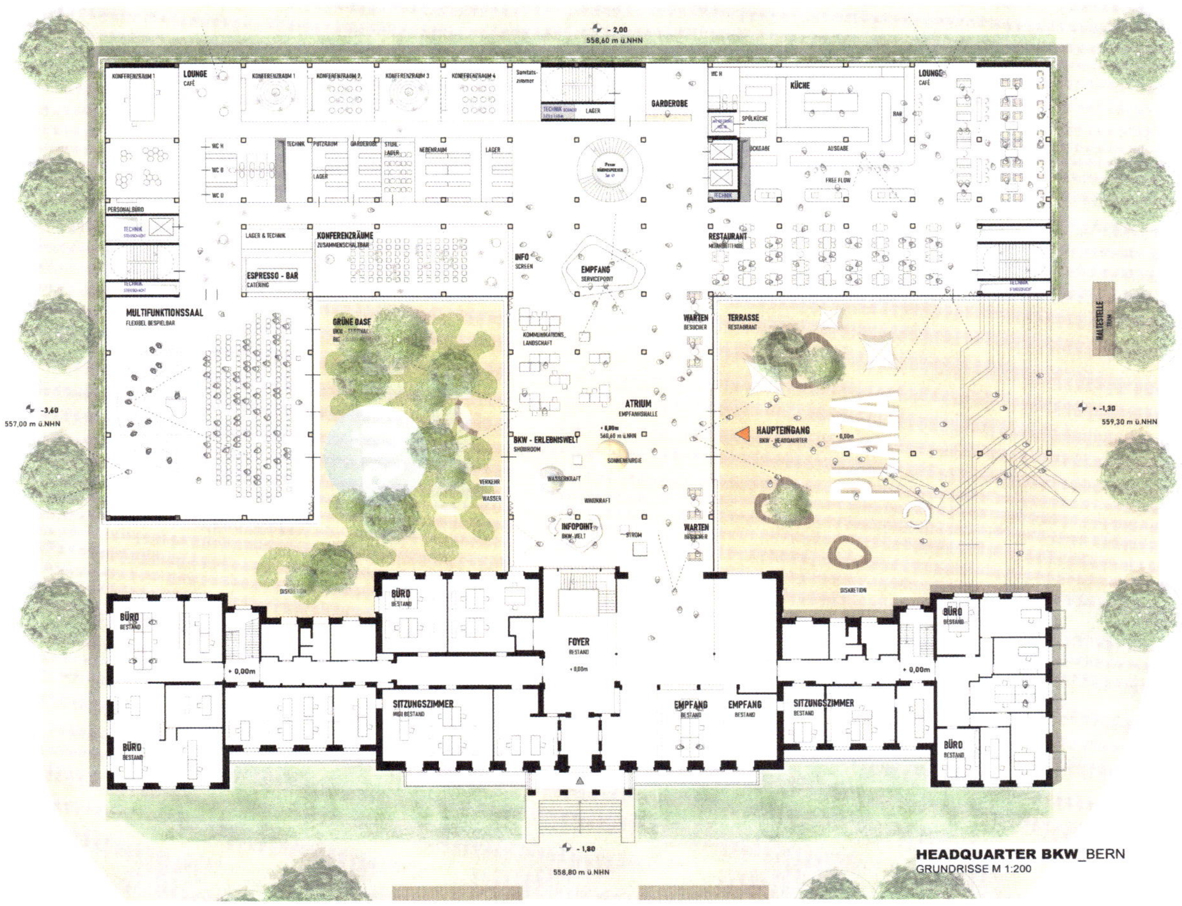

HEADQUARTER BKW_BERN
GRUNDRISSE M 1:200

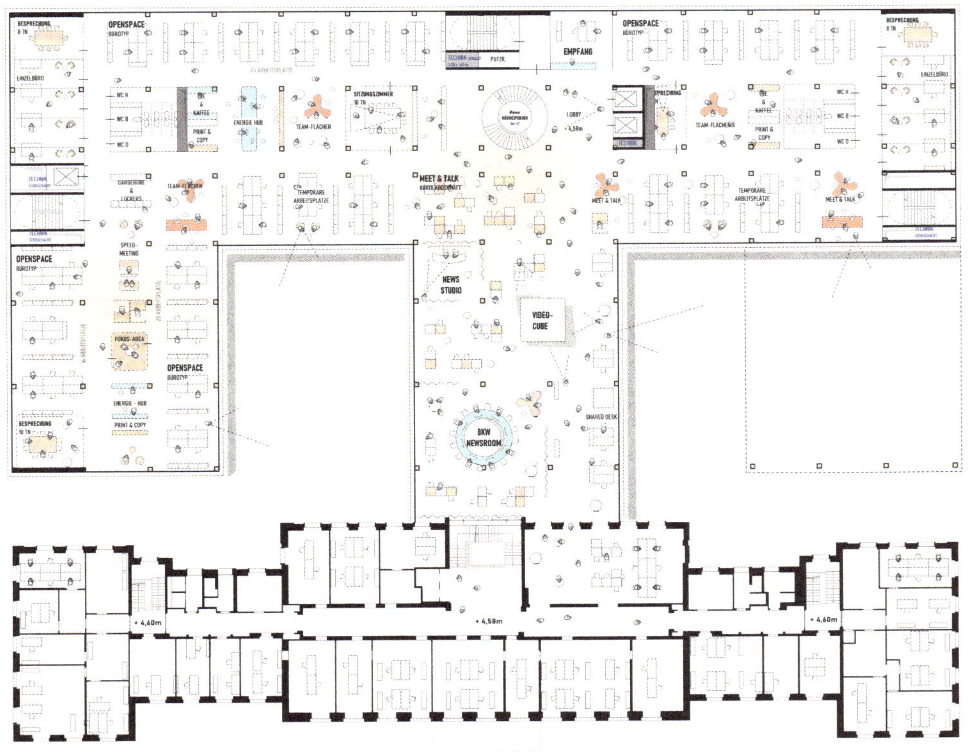

Prämisse 02 – Auftraggebenden- bzw. Kundenorientiertes Design: Vom ersten Strich über die Konstellation des Raums als Netzwerk zur Erfüllung der Auftraggeber- und Nutzerbedürfnisse

Zu allen Zeiten der Menschheitsgeschichte nahmen die Menschen ihre Umwelt, d.h. den Raum im Verhältnis zum Individuum in einer spezifischen Art und Weise wahr. Aristoteles hatte den Raum als eine uns umgebende Schachtel, als Behälter oder Container definiert. Issac Newton entwickelte daraus einen absoluten Raum, bis Einstein ihn im 20. Jahrhundert widerlegte und in ein Feld nach den *Krümmungseigenschaften des Raums* umdefinierte [(7)].

„*Der Raum ist die Beziehungsstruktur zwischen Körpern, welche ständig in Bewegung sind. Das heißt, Raum konstituiert auch die Zeit. Raum ist demnach nicht länger der starre Behälter, der unabhängig von den materiellen Verhältnissen existiert, sondern Raum und Körperwelt sind verwoben.*“ [(8)]

In diesem gedanklich-räumlichen Koordinatensystem bewegen wir uns heute im 21. Jahrhundert. Die *Verwebung* und Bezüge unterschiedlicher Bewegungen zeigen sich mitunter als Netzwerk, ob nun in Bezug auf das Individuum, ein Architektur- und Ingenieurbüro oder gar einen Konzern. Die Soziologin Martina Löw folgert daraus: „*Raum existiert in der relativistischen Vorstellung wie in der topologischen Wahrnehmung als Vielfalt der Räume.*“ [(9)]

Appliziert man dieses Raumverständnis und diese Raumwahrnehmung auf die Architektur und Gebäude wie die Infrastruktur unserer Tage, kann ein Bauwerk, wie z.B. der historische Bestandsbau der BKW AG in Bern, nicht mehr aus einer schlichten Abfolge von Räumen mit vielleicht sogar ein und derselben Funktion oder gar aus Nutzungskonzepten bestehen. Vielfalt definiert sich spätestens seit der Moderne aus (un-) endlichen Varianten. Das Gleiche ist nimmer dasselbe, die Spielregeln variieren und changieren permanent. Dynamik steht an, wo vormals das Starre dominierte. Im Hinblick auf den Grundriss des historischen *BKW Altbaus* fällt der Unterschied zu offenen, d.h. zeitgemäßen Raumaufteilungen sofort auf. Augenfällig ist dieser Grundriss ebenfalls, weil er im Hinblick auf Nachhaltigkeit den sich wandelnden Nutzungsbedarf gleichermaßen offenbart.

Zeitkontingenz trifft im Entwurf für die *BKW Plaza* auf Raumdefinition und -antizipation. Abwechslung und Überraschung sind das Prinzip. Dynamik, Wandelbarkeit oder Umnutzungsfähigkeit im Sinne einer nachhaltigen Nutzung, wenn nicht gar Lebendigkeit zeigen sich auf allen Ebenen und in allen Räumen. Solch ein Raumverständnis ist im wahrsten Sinne *Total Architecture*, wie der eine oder andere Heroe der Moderne gefolgert hätte. Nun sind wir im 21. Jahrhundert nicht nur gedanklich, sondern vor allem auch konzeptionell, technisch, ingenieur- und bautechnisch avancierter als in der Epoche der klassischen Moderne. Die Bezüge sind heute noch komplexer, die Netzwerke enger und verwobener. Das Engagement zählt um ein Vielfaches mehr. Eine direkte Gegenüberstellung der Grundrisse von Alt- und Neubau manifestiert diese gedanklich-konzeptionelle Evolution einer auf Auftraggeber und Nutzer zugeschnittenen Planung.

Auch die Deutsche Gesellschaft für Nachhaltiges Bauen (DGNB) bezieht ihr Kriterium der Umnutzungsfähigkeit auf die Möglichkeiten einer Immobilie, flexibel auf veränderte Nutzungsanforderungen zu reagieren. Diese Einsicht gilt auch für technische Infrastrukturen im Sinne einer resilienten Anpassung öffentlicher Infrastrukturen (z. B. Mobilität) oder Umrüstungen alternativer Medientransportsysteme (z. B. in der Carbon-Capture-Technologie bzw. dem Wechsel vom Medium Erdgas auf Wasserstoff). Die Umnutzungsfähigkeit umfasst mehrere Aspekte: Flexibilität der Grundrisse, technische Infrastruktur, Erschließung und Nachhaltigkeitsaspekte. Der Raum als frei interpretierter Träger in einem als Netzwerk definierten Gebäude trägt also wesentlich dazu bei, die Lebensdauer von Bauwerken zu verlängern, Ressourcen zu schonen und die wirtschaftliche Nutzung über lange Zeiträume hinweg sicherzustellen. Alles in allem sind diese Ansprüche bedeutende Bausteine hin zu einer nachhaltigen Entwicklung im Bauwesen.

Prämisse 03 – Partnerschaften und Gemeinschaften: Die Korrektur des verwischten Grundrisses

Die unter Prämisse 02 erläuterten und auf die jeweiligen Erwartungen (von Auftraggeberseite) und Anforderungen (von Nutzerseite) zugeschnittenen komplexen Planungsdetails lassen sich jedoch nicht ausschließlich aus einem aktuellen und responsiven Raum- und Zeitverständnis ableiten. Denn wie Martina Löw eindrücklich feststellt: „*Räumliche Strukturen sind, wie zeitliche Strukturen auch, Formen gesellschaftlicher Strukturen.*" (10)

Damit liegt den räumlichen Strukturen gleichermaßen ein Verständnis und ein Bezug zur Öffentlichkeit, Gesellschaft und *Einbeziehung des Anderen* (11), d.h. zu den Formen des Miteinanders zugrunde. Im wahrsten Sinne des Wortes sollten daher Städte und Gebäude Abbilder von sozialen, ökonomischen und kulturellen Strukturen und Gegebenheiten sein. Die *BKW Plaza* strebt diesen idealtypischen Zustand mithilfe eines offenen Verständnisses, der Definition und Planung von Architektur und Urbanität an. Anhand des Gebäudeverständnisses bis in seine kleinsten Details ist es die Intention, durch und durch von einem partnerschaftlichen Verständnis geprägt zu sein.

Was ist damit gemeint? Bevor wir dezidiert in die partnerschaftlichen Aspekte bei der Planung und dem Entwurf einsteigen, folgen nun noch einige grundlegende Überlegungen, wie ein partnerschaftliches Mit- und Füreinander gesellschaftlich gedacht und begriffen werden kann. Wie der Philosoph und Soziologe Jürgen Habermas in seiner Frühschrift *Strukturwandel der Öffentlichkeit* von 1962 klarstellt, unterliegt das Verständnis von Öffentlichkeit von der Antike bis in die Jahre des deutschen Wirtschaftswunders – also die Epoche einer vollständig etablierten Moderne – einer durchaus wechselhaften wie kritischen Betrachtung. Habermas spricht dabei bildlich in einer Kapitelüberschrift von „*Der verwischte Grundriss: Entwicklungslinien des Zerfalls bürgerlicher Öffentlichkeit*" (12).

Gemeint sind damit kulturhistorische Entwicklungen, die mit der zunehmenden Medialisierung (und heute der Digitalisierung) der Öffentlichkeit eng im Zusammenhang stehen. Die damit einhergehende Fragmentierung und mitunter Destabilisierung der Öffentlichkeit betrifft auch jegliche Partnerschaften, z.B. bei baulichen Planungs- und Realisierungsvorhaben. Buchstäblich verwischt sich der Grundriss, wird fragmentarisch bis zur Unleserlichkeit entstellt oder er verliert seine Eindeutigkeit, wenn nicht gar seine Bedeutung. Dieser *Verwischung* des Grundrisses wirken die Prämissen und die Planungskultur von BKW Engineering konsequent entgegen.

Denn bereits vom ersten Strich der Handhabung des Entwurfs werden Intention und Aufgabe – ebenso wie die Relation von *Ort und Aufgabe* – durch den Architekten im Gebäude eindeutig kommuniziert, die man – wiederum in Bezug auf Habermas' Werk – als *kommunikative Rationalisierung einer Lebenswelt* [(13)] begreifen kann.

Partnerschaft als offene Kommunikation nimmt mit den baulichen Eigenschaften der Transparenz, offener Raumstruktur oder der Einbeziehung der Öffentlichkeit in die Höfe und Flächen der BKW AG ganz konkrete bauliche Formen und Strukturen an. Die sprichwörtliche Korrektur des Grundrisses zeigt sich bei der BKW AG durch die Offenheit einer auf Partnerschaft ausgerichteten Kommunikation. Dieser Anspruch lässt sich im Fall der *BKW Plaza* als Gegenentwurf zu einem isolierten Gebäude begreifen. Ziel ist es, nicht im Raum, in der Funktion, Kommunikation oder Planung be- und gefangen, sondern im Gegenteil regelrecht befreit zu sein. Das Ergebnis ist der eindeutige, klar definierte Grundriss der multiplen Möglichkeiten und einer (fast) grenzenlosen Offenheit.

Unabhängig davon ist das partnerschaftlich ausgerichtete Managementmodell einer *Shared Design Economy* daher auch bewusst eine Wirtschaftsgemeinschaft, denn schlussendlich gibt es nur *ein Portemonnaie*. Methodenkompetenz – um diesen Begriff schon einmal vorwegzunehmen – bedeutet, dass die *Methode BEN* als Arbeitsweise eben keine juristische Form einer projektspezifischen Generalplanungsgesellschaft ist, sondern das Zusammenspiel von Architekten und Ingenieuren als eingespieltes Team mit gemeinsamen Projekterfahrungen. Deren Ziel ist es, eine synchrone phasen- und fachlinienübergreifende Leistungserbringung zu ermöglichen. Idealerweise weiß dabei jeder, was der andere wann benötigt.

Der Kernwert 04 *Gemeinschaftsorientiert handeln* findet im Innen und Außen der neuen BKW Hauptverwaltung seine unmittelbare Entsprechung und hat unserer Entscheidung Nachdruck verliehen, eine öffentliche Plaza als Antrittsfläche mit Gastronomie und einen Gartenhof als ruhigen privaten Bereich für die Mitarbeitenden zu gestalten.

„Quartier und Plaza wachsen zusammen", Visualisierung der BKW Plaza, Bern, Hascher Jehle Gruppe, © Hascher Jehle Gruppe | loomn architekturkommunikation

Der Campus als Teil des städtischen Lebens

Die städtebauliche Setzung des Entwurfs greift bestehende Bezüge auf und übersetzt sie in eine neue Offenheit. Die historische Kornhaus-Achse bleibt als Bezug zum Altbau bestehen, während sich der Neubau deutlich stärker zum Quartier hin orientiert. Die vorhandene Blockstruktur des Quartiers wird aufgenommen und weitergeführt. Maßstäblichkeit, Körnung und Ausrichtung der umliegenden Bebauung dienen als Orientierung und werden in die neue Setzung integriert.

Der Entwurf reagiert sensibel auf den gewachsenen Stadtraum und ergänzt das Quartier. Die geplante Neubebauung ordnet sich in einer U-Form entlang der Grundstücksgrenze an und rahmt den Standort in den städtebaulichen Straßenfluchten der Nachbarbebauung. Der denkmalgeschützte Altbau bleibt freigestellt und behält seine architektonische Eigenständigkeit. Der Abstand wird bewusst gewählt, um den Bestand zu respektieren und seine historische Bedeutung sichtbar zu halten.

Die neue Bebauung soll das Ensemble nicht dominieren. Es entsteht eine schlüssige stadträumliche Einheit. Die Ausrichtung zur Moserstraße und zur Straßenbahnhaltestelle schafft eine klare Anbindung an den öffentlichen Raum und betont die neue Zugänglichkeit. Erdgeschoss und erstes Obergeschoss bleiben offen gestaltet, sie bilden den großzügigen Eingang zum Campus und öffnen den Innenhof in Richtung Stadtraum.

Ein Ort der Begegnung und Teilhabe

Die Architektur folgt dem Prinzip eines ausgewogenen Zusammenspiels von innen und außen. Eine öffentliche Plaza mit Gastronomie fungiert als einladende Antrittsfläche, die nicht nur den Campus erschließt, sondern auch den Straßenraum aktiviert. Im Inneren entsteht mit dem Gartenhof ein ruhiger, zurückgezogener Ort – ein privater Bereich für Mitarbeitende und Veranstaltungen. Dieser bewusste Nutzungsmix, klassische Empfangsfunktionen, Gastronomie, flexibel nutzbare Veranstaltungsflächen, ruhige Bereiche für Austausch und Begegnung – nutzbar für Mitarbeitende und teilweise für Nachbarschaft und Quartier – stärkt die soziale Durchmischung und fördert eine lebendige Erdgeschosszone, die über die Grenzen des *BKW Campus* hinauswirkt.

Es schafft Synergien zwischen Unternehmen und Stadtgesellschaft. Das Gebäude wird zum aktiven Teil des Stadtraums und im besten Fall auch Impulsgeber für die Weiterentwicklung des Quartiers. Ergänzt wird das räumliche Angebot durch großzügige Terrassen in den Obergeschossen, die als grüne Rückzugsräume eine zusätzliche Aufenthaltsqualität bieten. Die filigrane Hofüberdachung schützt die Innenhöfe vor Regen und erweitert die Nutzungsdauer der Außenräume. Die Plaza wird zum geschützten Zwischenraum zwischen innen und außen mitten in der Stadt.

Ein neues Entrée: Viktoriaplatz neu gedacht

Ein weiteres Angebot über die BKW AG hinaus kann im Vorfeld des Bestands in Richtung Stadtmitte gemacht werden. Die Umgestaltung des Viktoriaplatzes konzentriert sich auf die Schaffung eines attraktiven Entrées. Zusätzlich wird vorgeschlagen, die bestehende große Rasenfläche durch ein Wasserbecken mit Fontänen und einer Nebelanlage zu ersetzen. Das Becken ist ein ästhetisches Element im Stadtraum, dient aber auch zur Regenwasserspeicherung und Verdunstung, wodurch das Stadtklima positiv beeinflusst wird. Der Wasserstand wird variabel gestaltet, um sowohl Funktionalität als auch Dynamik zu gewährleisten. Breite Sitzstufen bieten sich zum Verweilen an.

Die bisherigen PKW-Stellplätze auf dem Viktoriaplatz entfallen und werden vollständig wie auch die weiteren Bestands-Parkplätze in zwei bestehenden Tiefgaragenebenen nachgewiesen, weil die Ebene U1 fast niveaugleich von der Optingenstraße aus erreicht werden kann, wo sich heute bereits Stellplätze befinden. Mit diesem Vorschlag wird dieser Bereich durch das Eingangsgeschoss überdeckelt, das als Hochparterre den Altbau und Neubau zusammenfasst. Die Stellplätze auf der Ebene U2 bleiben wie im Bestand erhalten. In der Summe werden alle bisherigen Stellplätze wieder angeboten.

OPEN

south bohemian gallery
exhibitions

Prämisse 04 – Herausforderungen von morgen: Vorausschauendes Engagement in planerischen Subsinnwelten als experimentierende Handlungen

Trotz der unterschiedlich gewichteten Themen geht es in dieser Schrift immer um den umbauten Raum, also um ein Bauwerk, dessen Dimensionen und Qualitäten in mannigfaltiger Hinsicht im Vordergrund stehen. Denn spätestens der Architekt ist im Kreise der Planer *dem Raum befohlen*. Seine Profession ist ganz im vitruvianischen Sinne der *Firmitas* (Stabilität), *Utilitas* (Funktionalität) und *Venustas* (Schönheit) der gestaltete Raum.

Aus dieser Perspektive ergibt sich eine Herangehensweise und Logik, die als der sinnhafte Aufbau der gebauten Welt bezeichnet werden kann. Diese Aussage ist gleichzeitig der Titel eines epochalen Buchs der Soziologin Silke Steets (14), die Verfahrensweisen beschreibt, wie mit unserer gebauten Umwelt offensiv, konstruktiv und verständnisvoll umgegangen werden kann:

> *„Gebäude ‚tun' nicht im klassischen handlungstheoretischen Sinn etwas. Vielmehr scheinen wir heute so zu tun, als ob Dinge Handlungskapazität besäßen, und entwickeln dabei ein sehr spezifisches Wissen von der Welt … Gebäude in ihrer Materialität ernst nehmen, ohne in einen physikalischen Determinismus zu verfallen."* (15)

Was hier gedanklich vorgedacht wird – Steets spricht in diesem Kontext von einer architektonischen *Subsinnwelt* (16) –, ist die Auffassung von Gebäuden und Bauaufgaben als eine technische, soziale und kommunikative Herausforderung. Bauwerke kommen nicht einfach so zustande, nur weil es ein Bauherr will. Was tun also Architekten und Ingenieure, wenn sie ein Gebäude entwerfen? Wann und wie beginnt dieser Prozess?

„Entwerfen wird so zu einer zutiefst sozialen Angelegenheit, aus Architekten werden Impulsgeber, Beobachterinnen und Übersetzer sozialer Prozesse und Architektur kann eben auch eine mit architektonischen Mitteln temporär erzeugte Situation … sein." (17)

Ein Rädchen greift ins andere: Aus einem kühnen Gedanken entwickelt sich eine Innovation, die über die gedanklichen Katerakte der Partizipation mit dem Bauherrn, der Öffentlichkeit und/oder den Experten an Gestalt gewinnt. Aus diesem Prinzip heraus bindet BKW Engineering schon früh, gleich von Anbeginn vorausschauend, antizipierend die unterschiedlichen Akteure mit an den Tisch. Ohne Frage bestand dieser Anspruch auch für die Gestaltung der *BKW Plaza*. Die steuernde Handlungsdirektive lag in diesem Projekt bei den entwerfenden Architekten HASCHER JEHLE aus Berlin/Stuttgart.

„*Urbaner Kontext*", Aleš South Bohemian Gallery, Budweis (internationaler Wettbewerb, offen 09/2025), ingenhoven associates GmbH, © ingenhoven associates GmbH

Häufig setzen besonders entwurfsstarke Architekten mit einer Ideenskizze den Startpunkt eines Projekts. Allerdings sind zu diesem Zeitpunkt schätzungsweise bereits 80 % aller Grundsatzentscheidungen gefallen, die später teils nur mühsam und kostenprovozierend geändert werden können. Somit gilt die Grundregel: je früher, desto besser. Beim Projektstart kamen folgende Regelfragen auf:

- Was wäre, wenn die Architekten gleich von Anfang an in die Überlegungen des Auftraggebenden eingebunden würden?
- Was wäre, wenn der Tragwerksplaner nicht nur vage, sondern belastbare Grundsatzangaben machen könnte und dieser im Zuschlagsfall als fester Teil des Teams beauftragt würde?
- Was wäre, wenn gleich im ersten Konzept auch schon die Gebäudetechnik mit ihrem geometrischen Platzbedarf berücksichtigt würde, einschließlich z. B. des Energiekonzepts und des Brandschutzes?

Es sind Fragen und Themen, die die Gedanken späterer Leistungsphasen teilweise vorwegnehmen, weit vor dem Zeitpunkt, wenn sie im Normalfall aktiviert, beauftragt und konzeptionell beginnen. Schon an diesen wenigen Fragen ist zu erkennen, dass die Komplexität, die Geschwindigkeit und die Tiefgründigkeit der Belange exponentiell zunehmen.

Vergleichbare Beobachtungen und Analysen legt Silke Steets über viele Seiten dar, wie eine zunehmende *Globalisierung des Entwerfens und Bauens* [18] zu einer echten Herausforderung für alle Planungsbeteiligten wird, wobei in der Auflösung der Grenzen zwischen Design, Kunst und Wissenschaft eher ein zeitgeistiges *Design Turn* [19] zu erkennen ist. Solch ein *Design Turn* wurde auch beim konzeptionellen Planungsbeginn der *BKW Plaza* vollzogen, der so weit ging,

„dass man das Kerngeschäft der architektonischen Praxis, das Entwerfen, auch als ein Handeln innerhalb einer dem Alltag enthobenen Sinnprovinz der experimentierenden Handlung beschreiben kann." [20]

HEADQUARTER BKW-BERN_ANSICHTEN

ANSICHT OST

ANSICHT NORD

HEADQUARTER BKW-BERN_SCHNITTE
M 1 : 200

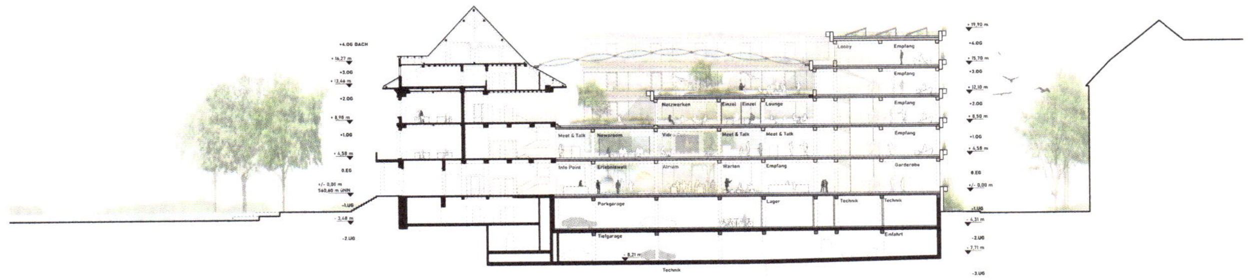

SCHNITT A-A
ANSICHT OST

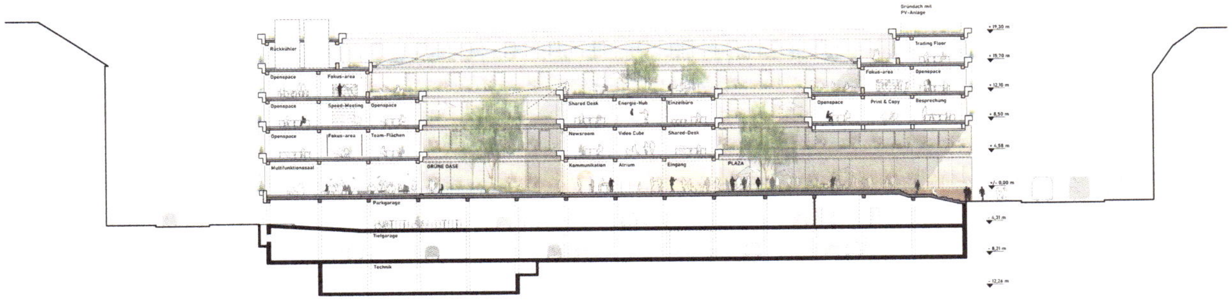

SCHNITT B-B
ANSICHT SÜD

„Außenraum und Innenraum verbinden sich", Visualisierung der BKW Plaza, Bern, Hascher Jehle Gruppe, © Hascher Jehle Gruppe | loomn architekturkommunikation

Prämisse 05 – Eigenverantwortung & Allzuständigkeit:
Techniken im Umgang mit widerspenstiger Materie und Verfahren.

Was machen die beschriebenen Abläufe und Prozesse mit den am Entstehen des Gebäudes beteiligten Menschen? Nimmt man das archetypische Bild der Moderne, die in all ihren urbanen Ausformungen als eine *Stadtmaschine* [21] beschrieben wird, bleibt vielleicht als Antwort bestenfalls nur noch Robert Musils *Der Mann ohne Eigenschaften*. Der 1930 erschienene Roman zeichnet den Lebensweg des u. a. als Maschinenbauingenieurs tätigen Protagonisten Ulrich nach, der im Getriebe der Moderne die systematische Auflösung seines Selbst zelebriert. Wie ein moderner Dandy und Flaneur treibt er durch die moderne Welt, entledigt sich jeder Verantwortung und nimmt *sich ein Jahr Urlaub von seinem Leben* [22].

Offen gestanden dergleichen Exerzitien der Muße können sich in der Moderne allenfalls Charaktere vom Schlag eines Hans Castorps –seines Zeichens ebenfalls Ingenieur – aus Thomas Manns *Der Zauberberg* leisten, den man ohne größere Probleme als einen nahen Verwandten Ulrichs bezeichnen könnte. Denn die Moderne fordert und formt einen gänzlich anderen Menschentyp, den der Philosoph Peter Sloterdijk mithilfe von *Anthropotechniken* physisch und mental fit macht: „*Nach mehrhundertjährigen Experimenten mit neuen Lebensformen hat sich die Einsicht abgeklärt, dass Menschen, gleichgültig unter welchen ethischen, ökonomischen und politischen Bedingungen sie leben, nicht nur in ›materiellen‹ Verhältnissen, vielmehr auch in symbolischen Immunsystemen und rituellen Hüllen existieren. ... hier sei vor allem der Stoff zu finden, aus dem die Anthropotechniken sind.*“ [23]

Damit stellt sich das heutige spätmoderne Individuum den Herausforderungen, die es mit eingeübter Verantwortung und Leistungsbereitschaft bereitwillig aufnimmt. Wohl gemerkt, mit Peter Sloterdijks Anthropotechniken haben wir – frei nach Karl Marx – die Schinderei eines vom Kapitalismus entfremdeten Subjekts oder das *stahlharte Gehäuse* – frei nach Max Weber [24] – der klassischen Moderne hinter uns gelassen und wechseln in eine entspannt lockere Work-Life-Balance über.

Transponieren wir dergleichen Gedankengut in die Architektur von heute. Hier bieten sich die Theorie und die Arbeiten von Prof. Dr. Marc Angélil, emeritierter Professor am Departement Architektur der ETH Zürich, an. Mit seinen Architekturstudenten übte er jahrzehntelang die Verantwortungsspreizungen des Architekturberufs ein. Die Quintessenz seiner Lehre veröffentlichte er u. a. in seinem Werk *Inchoate: An Experiment in Architectural Education*, dessen Titel so viel wie unvollständig und unausgeformt bedeutet.

Damit drückt Marc Angélil den permanenten Druck und Prozess des Werdens und der offenen Spekulation in der Architektur aus. In dem abschließenden Kapitel *Informe* heißt es dazu: „*Architecture as a discipline can be considered in similar terms, as a field of strategic possibilities; that is as a system of differences and dispersions, in a state of flux and indeterminate in its form.*“ [25]

Wer Verantwortung wagt, wagt Zukunft.

Eigenverantwortung übernehmen enthält immer auch einen Funken von Visionen, einen frischen Ausblick auf etwas noch Unvollendetes. Diese Eigenverantwortung muss in Balance stehen zur Allzuständigkeit, wie sie jeder Architekt durch die Zentralaufgabe der Koordination und Integration übernimmt. Diese Anforderung macht ihn aber nicht zuständig und verantwortlich für Bauteile, die nicht seiner Profession entsprechen, wie zum Beispiel für Gewerke der technischen Gebäudeausrüstung. So bezieht sich auch der Begriff Verantwortung voll und ganz auf die *BKW Plaza*, die zukünftige neue Hauptverwaltung des Unternehmens. Für sie wurden folgende Wünsche und Ansprüche eingebracht:

- **das Haus als Innovator:** Es fördert eine entwicklungsorientierte Arbeitsumgebung durch eine offene Raumstruktur, die sich flexibel veränderten Anforderungen stellt bzw. anpasst.

- **das Haus als Unternehmer:** Das Gebäude selbst denkt vernetzt und bereichsübergreifend, nutzt Synergien. In einem Gebäude der Zukunft erkennt das Haus selbst den eigenen Bedarf, erkennt die Nutzer an ihren Bewegungen, schaltet das Licht oder die Heizung bzw. Kühlung an und aus, steuert sich effizient je nach Bedarf.

- **das Haus als Coach:** Das Gebäude öffnet sich und ermöglicht eine Kommunikation auf vielfältigen Ebenen. Der moderne Arbeitsplatz im New Work wandelt sich über den Tagesablauf, bietet Optionen für die Arbeit im Sitzen, Stehen oder gar Liegen. Er offeriert Arbeitsplatzmöglichkeiten für die konzentrierte Einzelarbeit oder das kommunikative Teamwork. Es sind ergänzende temporäre Arbeitsangebote, an denen die Arbeitsstättenverordnung nicht eingehalten werden muss, weil die Mitarbeitenden oftmals nur kurze Zeit dort tätig sind. Er bietet die Option für das mobile Arbeiten und fordert den Clean Desk oder den offenen Raum für eine flexible Nutzung. Damit verändert sich unser aller Verhalten im Büro. Sicherlich gilt dergleichen Vision des Arbeitens von morgen nicht für alle Bürofachkräfte gleichermaßen, aber das Gros wird morgen anders arbeiten als gestern.

Dadurch wird die Architektur mit einer Bedeutung, Kraft und Qualität aufgeladen, die sich in hoher Arbeitsplatzqualität (Behaglichkeit, Rückstafflung der Obergeschosse, ruhiger Innenhof, Terrassen), vielfältigen Orten für fachliche und soziale Interaktionen (Gastronomie, Lounge, Kommunikationsgarten auf der 3. Etage), einer Offenheit für die Öffentlichkeit (neuer zugänglicher Stadtraum in Form von überdachten Innenhöfen und Terrassen) und ökologischen Elementen (Gartenhof, Sammlung von Niederschlagswasser, PV-Anlage) zur Geltung kommt. Die Hascher Jehle Gruppe (Entwurfsverfasser dieser Studie) ist Teil des Netzwerks von BKW Engineering. Sie nehmen diese Herausforderungen als bedingungslosen Standard an und setzen sie entsprechend um. Gelebte Verantwortung im baulichen Kontext mit einem Versprechen für die Zukunft.

Prämisse 06 – Chancen und Risiken: Der 360°-Blick auf das Gebäude als Konstruktion und auch als Immobilie

Immobilien und Real Estate im Allgemeinen sind von ihrer Natur aus mit unternehmerischen Chancen, aber auch mit Risiken behaftet. Chancen und Risiken je nach ihrem Verhältnis zum Gebäude abzuwägen, ist nicht fester Bestandteil der Ausbildung von Architekten und Bauingenieuren. Ihre Erwägungen tendieren eher zu technischer Machbarkeit als zu Bewertungen eines projektbezogenen Potenzials. Und dennoch empfindet BKW Engineering, dass dergleichen Ermessen von Chancen und Risiken (vorzugsweise in dieser Reihenfolge!) zum Spektrum eines erfahrenen Planers dazugehört. Daher agieren wir im Projekt durchgehend unternehmerisch und handeln pragmatisch. Folglich kommunizieren und adressieren wir Chancen und Risiken im Rahmen eines Transparenzgebots konsequent gegenüber dem Auftraggeber. Zwar nicht immer einfach, aber zwingend notwendig für eine vertrauensvolle Zusammenarbeit.

Die innerstädtische Plaza mit ihrem wertvollen Altbaubestand und dem Potenzial eines circa 12.500 m² großen Neubaus als Ersatz eines Bürogebäudes aus den 1960er Jahren ist eine Immobilienentwicklung, die jedem gestandenen Projektentwickler und Architekten den nötigen Respekt verleiht. Das Spektrum der Möglichkeiten bleibt daher bei Weitem nicht nur auf bautechnische Fragen beschränkt. Das Thema der Bestandshaltung im Fall des Sechziger-Jahre-Baus war eine grundlegende, die die Immobilie auch im Hinblick auf Wirtschaftlichkeit, Ästhetik, Nutzung und Anspruch hinterfragte. Unser Team aus Ingenieuren und Fachplanern, Energieexperten und Projektmanagern nahm den Ball offensiv auf und simulierte und kalkulierte die unterschiedlichen Varianten zusammen mit HASCHER JEHLE Architektur.

Für die neue Hauptverwaltung gilt ein ganzheitlicher Nachhaltigkeitsansatz als eine *conditio sine qua non* zur Erhöhung der Nutzungsdauer und -intensität. Die Kernfrage lautet: Bestand versus Neubau, denn das nachhaltigste Gebäude ist das, das erst gar nicht gebaut werden muss. Bekanntlich wird den Altbauten als gebundene graue Energie heutzutage eine andere Wertstellung zugeschrieben als noch vor einem Jahrzehnt. Das Fazit für die *BKW Plaza* lautet: Der historische Bestand JA, die Sechziger-Jahre-Erweiterung NEIN.

Die mangelnde Wandelbarkeit der räumlichen Substanz, die niedrige Deckenhöhe und noch manch andere Spezifika des Sechziger-Jahre-Baus ließen das Bauwerk schnell außer jeglicher Konkurrenz stehen. Eine Revitalisierung aus Gründen der Nachhaltigkeit kam daher nicht infrage. Aber bei genauer Betrachtung und Ersteinschätzung der Bausubstanz und einer entsprechenden Abwägung von Chancen und Risiken stellte sich heraus, dass die vorhandene Bodenplatte und die Untergeschosse durchaus erhaltenswert sind. Mit einer entwurflich fein dimensionierten und artikulierten Leichtbauweise wurde erwogen, auf den Bestand der Tiefgarage aufzusatteln. Diese Lösung bot sich aus mancherlei Hinsicht als die beste an: Ökologisch, wirtschaftlich, ästhetisch und konzeptionell fand sie bei den zukünftigen Nutzern schnell große Zustimmung. Denn sie beantwortete die Grundfrage des Teilerhalts grauer Energie im Bestandsbeton ebenfalls positiv.

Es bleibt jedoch die Frage im Raum, wie genehmigungswürdig ein solcher Entwurf im historischen Kontext von Bern ist. Ist der Entwurf des Neubaus nicht zu dominant, hat er das nötige Verhältnis und den entsprechenden An- und Abstand zum Altbau? Das Beispiel für den Erhalt oder Nichterhalt baulicher Substanz lässt sich jedoch auch auf andere Bauteile und Herausforderungen der zukünftigen *BKW Plaza* übertragen. BKW Engineering legt immer großen Wert darauf, den Appell an die eigenen Fähigkeiten über den eines rein technischen Horizonts hinaus zu betrachten.

„Die Zukunft gehört den Mutigen" – Restaurant Fuji Yama, Nürnberg,
BERMÜLLER + NIEMEYER Architekturwerkstatt GmbH, © Simeon Johnke

Prämisse 07 – Integralplanung & Methodenkompetenz: Die *BKW Plaza* als Best-Practice-Beispiel

Peter Rice, Ire, Ingenieur und kongenialer Mitarbeiter Ove Arups (u. a. am Sydney Opernhaus, Centre Pompidou, Lloyds of London etc.) begriff sich als *architect engineer*. Sein Verständnis über die Aufgaben und Rollen eines Bauingenieurs war universalistisch, geprägt von einem grenz- und konventionenübergreifenden Verständnis. Und dennoch relativierte er seine Rolle und seinen Einfluss auf solche Architekturgrößen wie z.B. Richard Rogers oder Renzo Piano in einer ihm eigenen Bescheidenheit:

> *„It is a myth that there is something special about the innovative engineer. ... This kind of innovation arises a hundred times a day on building sites throughout the world. It is taken for granted. But it is nonetheless an important part of the everyday work of engineers everywhere. Every solution involves some original thought, some special contribution which we would classify as innovation. This need not be spectacular, it is enough to be new or original.“* (26)

Wenn wir die von Peter Rice angesprochenen Eigenschaften dem guten Ingenieur quasiangeborenen Qualitäten der Innovation und Originalität verallgemeinern und sie z. B. auf die Gänze – d. h. auch auf die Organisationsstruktur, Geschichte, die einzelnen Mitarbeitenden usw. – eines Planungsbüros übertragen, dann erreichen wir früher oder später eine Kompetenz, die sich quasi über den ganzen Planungsprozess erstreckt und jede Faser der Bürostruktur durchdringt. Dann sind wir an einem Punkt, den man mit den Konzepten einer Generalplanung, integralen Planung, Methodenkompetenz und einer disziplinenübergreifenden Planung assoziieren könnte.

So wie es eines kontinuierlichen Trainings bedarf, um aus elf Fußballspielern eine Mannschaft zu formen, die im Turnier durch ein sportliches Zusammenspiel den gemeinsamen Sieg erringt, so wird ein nicht homogenes Team oder Unruhe unter den Mitspielern die Wahrscheinlichkeit für einen Spielgewinn nicht erhöhen. Methodenkompetenz nennt BKW Engineering daher die Leistung, die ein eingespieltes Team bereits in sich trägt.

Im gewählten Beispielprojekt können die ersten Entwürfe der unabhängig planenden Architekten schon in eine sehr frühe Abstimmung mit den Tragwerksplanern gehen und daraus folgend konsequent die Baumethode in Einklang mit den Erfahrungsberichten der Objektüberwachung und Baulogistik gebracht werden. So werden bestehende Geschosshöhen des Sechziger-Jahre-Baus schnellstmöglich mit den Anforderungen einer zukünftigen Gebäudetechnik geometrisch abgeglichen, was kurzfristig zu einer Richtungsentscheidung für den Teilabriss führte und die Erhaltungswürdigkeit der Untergeschosse prognostizierte. Außerdem konnten durch die Einbindung eines internen Brandschutzgutachters erste Annahmen zur Größe der Nutzungseinheiten getroffen werden und insofern eine Abweichung von Vorschriften bzw. Verordnungen durch Kompensationsmöglichkeiten für die Umnutzungsfähigkeiten öffnen. Summa summarum führten all diese Maßnahmen zu schnellen Entscheidungen. Spielfreude, -witz und Erfolg ergeben sich bereits aus den passgenauen Wechseln von Inspiration und Einübung in Bezug auf Standardsituationen. Es muss nicht immer alles krampfhaft *innovativ* sein, wie schon Peter Rice feststellte.

Prämisse 08 – Kreislaufwirtschaft & Rückbaufähigkeit: Das *Cradle-to-Cradle*-Wiegenlied

Historisch und bautechnisch betrachtet hat die Menschheit Bauwerke nie oder zumindest sehr selten als integralen und aktiven Bestandteil des weltweiten Ökosystems verstanden – baute man doch für die Ewigkeit! In den vorindustriellen Jahrhunderten oder gar Jahrtausenden zuvor wurden Bauwerke oftmals nach ihrem ersten Lebenszyklus, d.h. nach einer Zerstörung oder Umnutzung und Erweiterung wieder- oder weiterverwendet. Einerseits war die Erzeugung handwerklicher Bauteile aufwendig und die Produktion teuer. Andererseits bestand die Möglichkeit, die Bauteile zu trennen und erneut als Sekundärrohstoff zu nutzen. Wir haben in der industriellen Entwicklung beide Fähigkeiten verlernt.

Aber in der positiven Hinwendung der Bauwirtschaft zu einer veränderten Wertschätzung des baulichen Bestands und einer etwaigen weiteren Nutzung bestehender Bauteile in einem zweiten Lebenszyklus steckt erhebliches Potenzial, Neues zu denken, nicht in seiner Ausschließlichkeit, sondern als weitere Spielkarte.

In unserer heutigen Welt des fortwährenden Wandels, der Veränderungen und Unstetigkeiten geraten allerdings scheinbar für alle Zeiten fest gefügte Bauten immer schneller in den Sog der Anpassung, des Rückbaus oder gar der völligen Wiedereingliederung in den Kreislauf der Rohstoffe. *Cradle to Cradle* heißt diese Wiedereingliederung der Materialien in das Ökosystem der Bauwirtschaft, bis von dem alten Gebäude mitunter gar nichts mehr ursprünglich architektonisch Markantes und Erkennbares übriggeblieben ist.

Das ist dann im wahrsten Sinn des Wortes eine Interpretation von Halbwertzeit, auf die Marshall Bermans Formulierung *all that is solid melts into air*[(27)] zutrifft, was gleichzeitig der Buchtitel seiner bekanntesten Veröffentlichung aus dem Jahr 1982 wurde. Darin schreibt er: „*One of the central themes in the modernism of the 1970s was the ecological idea of recycling: finding new meanings and potentialities in old things and forms of life.*"[(28)]

Wie potent die Auffassung von Recycling in der Moderne als eine Wiedereingliederung von Objekten und Materialien in den Warenkreislauf bis heute ist, zeigen u. a. die Überlegungen des polnischen Soziologen Zygmunt Bauman in seinem Buch *Flüchtige Moderne*:

„*War die Moderne nicht von Anbeginn ein Prozess der Verflüchtigung? War nicht die ganze Zeit ‚das Verdampfen alles Ständischen und Stehenden' der wesentliche Zeitvertreib und die Hauptbeschäftigung der Moderne? War die Moderne nicht von Anbeginn eine flüssige Angelegenheit?*" (29)

Die gegenwärtige Spätmoderne umschreibt die nahezu gleichen ökonomischen Abläufe wesentlich publikums- und medienwirksamer. Sie betört die durch die Klimakrise alarmierte Bauwirtschaft mit dem hohen Lied einer *Cradle-to-Cradle*-Kreislaufwirtschaft, d. h. die Idee von einer totalen konstruktiven Rückbaufähigkeit. Von der Architektur verbleiben dann unter Umständen nur Versatzstücke. Aber seine Bauteile gehen in eine neue Gestaltung, Konstruktion und Nutzung über. Wir sollten diese Art, anders zu planen und zu bauen, als eine weitere Handlungsoption in unseren Werkzeugkasten mit aufnehmen. Nicht weil es bei aller Liebe zur Konsequenz ausschließlich sein soll, sondern um uns der vorindustriellen Gewohnheiten der Wieder- und Weiterverwendung erneut und mit einer anderen Wertschätzung zu nähern.

Wie lassen sich nun derartige Gedanken zum Ende des Lebenszyklus eines Gebäudes schon zu Beginn seiner Planung verpflichtend darstellen und definieren? Die Architekten und Ingenieure von BKW Engineering gingen bei der *BKW Plaza* folgendermaßen vor: Eine Voraussetzung für ein kreislaufwirtschaftliches Handeln ist, dass nicht allein der Hammer die spätere Verwendungsfähigkeit bestimmt.

Das heißt, dass die Konstruktionen getrennt werden können, nicht alles verklebt oder als Verbundwerkstoff verbaut wird. Bauteile werden optimalerweise verschraubt, verkeilt oder andersartig als wieder lösbare Konstruktionen entworfen. Hierbei gewinnen wir zunehmend an Erfahrungen, die wir in einem nächsten Schritt zu messbaren Prämissen des operativen Handelns erweitern, sogenannte *Key Performance Indicators (KPIs*).

In einem solchen Fall wird ein Netzwerk der Exzellenz zu einer modernen Bauhütte. Im Fall der *BKW Plaza* konnten die Architekten z. B. unmittelbar auf den Referenzschatz des bei seiner Fertigstellung 2024 höchsten Holzhaushauses Deutschlands, dem *ROOTS* in der Hamburger HafenCity, zurückgreifen. Viel Bauerfahrung steckt bereits in dem schlichten Satz: *Planung ist die Verdichtung von Annahmen*.

„Unerwartete Schönheit", Flughafen Memmingen, Memmingen,
Institut Dr.-Ing. Gauer Ingenieurgesellschaft mbH, © Flughafen Memmingen, InsideAll

Prämisse 09 – Serielles Bauen: Das Janusgesicht des Bauens

Ein archetypisches Kennzeichen der produktiven Prozesse der Moderne ist die serielle Massenfertigung. Was mit der Fließbandproduktion Henry Fords für sein Ford-T-Modell in den USA begann, versuchte Konrad Wachsmann im Deutschland der 1920er Jahre und später nach seiner Emigration auch in den USA mit dem *Packaged House System*. Wachsmann wurde damit zum Pionier des industriellen Wohnungsbaus. Vom Prinzip her ähneln sich alle seriellen Prozesse, die in eine Massenproduktion übergehen. Viel Aufwand, Arbeit, Zeit und Geld fließen in die Entwicklung eines Typenmodells. Die sich daran anschließende industrielle Massenfertigung ist oft nur noch ein Fingerdruck, der Maschinen schnell und dauerhaft in Betrieb nimmt.

Heute, auf das Jahr fast einhundert Jahre später, nachdem Konrad Wachsmann 1926 Chefarchitekt eines auf Holzbauten spezialisierten Unternehmens in der Oberlausitz wurde, hat sich die serielle Fertigung von Bauteilen auf einem sehr hohen Standard und bei großen Stückzahlen voll etabliert. Inzwischen hat unsere Baukultur weniger technische Probleme, die Produktion des seriellen Bauens in Gang zu bekommen, als die materiellen Hinterlassenschaften unserer Wegwerfgesellschaft zu entsorgen.

Nicht von ungefähr hat der bekannte italienische Architekt und Theoretiker Vittorio Magnago Lampugnani ein Buch mit dem bezeichnenden Titel *Gegen Wegwerfarchitektur* verfasst. Seine Kritik zielt auf jegliche Form von Konsumismus, also „*der Verbrauch von Gütern, für den es keinen realen Bedarf gibt außer dem Produktionsüberschuss der kapitalistischen Wirtschaft und den Idiosynkrasien der Verbraucher.*“ [30] Seiner Argumentation folgend ist die Architektur ebenso mit diesem Bazillus infiziert. Jede Immobilie hat inzwischen ein Verfallsdatum, das ihr vonseiten der Architekturmoden (ästhetisch) und der Funktionalität (konstruktiv), aber auch der Rendite (finanziell) eingraviert ist.

Daher lautet heute eine Frage, wie man serielles Bauen interpretiert und praktiziert. Ist es nur die Produktion eines schnellen und ebenso kurzfristigen Konsums oder eine Methode, ökologisch langfristig und schonend zu denken und zu bauen? Wir schauen in das äußerst ambivalente Janusgesicht des Planen und Bauens. Und es glüht vor Energie und Hitze, denn alle Prozesse verschlingen Unmengen und Unsummen an Energie: zuerst für die Produktion, dann für den Betrieb von Heizung, Kühlung, Warmwasser, Licht usw. und schließlich für den Abriss, die Entsorgung bzw. das Recycling.

Diesen Umständen war sich BKW Engineering bei der Konzeption der neuen *BKW Plaza* selbstverständlich voll bewusst. Wie bereits erwähnt sollte der Baubestand aus den 1960er Jahren nur partiell abgetragen werden. Noch keinerlei Aussagen wurden jedoch zu den Baumethoden des über dem alten Untergeschoss zu errichtenden Neubaus verloren. Dazu sind folgende Details wichtig: Das Tragwerk für das neue Stammhaus der *BKW AG* in Bern soll als Hochbau in Leichtbauweise auf dem bestehenden Untergeschoss bzw. der Tiefgarage errichtet werden. Ein Holzskeletttragwerk wurde entwickelt, um diese Anforderungen bestmöglich zu erfüllen. Das Raster des Skelettbaus beeinflusst maßgeblich die Effizienz und Wirtschaftlichkeit der Bauteile. Gleichzeitig soll es eine flexible Innenraumgestaltung ermöglichen und die Lasten direkt in die vorhandene Unterschossstruktur einleiten. Daher wurde das Tragraster aus dem Untergeschoss heraus nach oben entwickelt. Aus den maximalen Abmessungen mit Spannweiten von 6,00 m ergeben sich äußerst wirtschaftliche Bauteilstärken für Decken und Balken, die aus brand- und schallschutztechnischen Gründen ohnehin erforderlich sind.

Die vertikale Lastabtragung im Hochbau erfolgt über Brettschichtholzstützen und -balken als Skelettkonstruktion, die sich vertikal durch den gesamten Restbau ziehen. Aufgrund der Anforderungen einer schnellen Bauzeit und des ökologischen Fußabdrucks wurden die Geschossdecken als 20 cm flache, massive Brettsperrholzelemente geplant. Die Außenwände werden als nicht tragende Holztafelbauelemente konstruiert und inklusive Fenster und Fassaden vorgefertigt. Die horizontalen Lasten werden anschließend über die Massivholzdeckenscheiben in die massiven Treppenhaus- und Aufzugskerne aus Stahlbeton eingeleitet.

Die tragenden, nicht durch Brandschutzbekleidung geschützten Holzbauteile werden gemäß ihrer im Brandschutzkonzept eingestuften Anforderung auf Abbrand bemessen. Aufgrund dieser leichten Holzbauweise entstanden auch einige sensible schallschutztechnische Bereiche, z. B. zwischen den einzelnen Nutzungseinheiten. Insbesondere die Trenndecken sind schwingungsanfällig und werden deshalb mit einer Schüttung beschwert. Die Schüttungsebene wird durch die Haustechnik als Verzugsebene genutzt. Bei der Tragwerksplanung besteht eine erhöhte Detailgestaltung in der Entkopplung einzelner Bauteile. Für die schallschutztechnische Trennung werden vornehmlich elastische Lagerstreifen eingesetzt.

Durch die Wahl von bewusst leichten Materialien für die Tragkonstruktion entstand insgesamt nur eine geringfügige Erhöhung der Gesamtlasten auf die bestehenden Fundamente. Daher wird für das neue Bürogebäude voraussichtlich kein zusätzlicher Gründungsaufwand im vorhandenen Untergeschoss erforderlich sein.

Eine erste überschlägige Kalkulation des Neubaus ergab schätzungsweise eine Holzmenge von circa 1.900 m³ und ein damit verbundener Kohlenstoffspeicher von etwa 1.250 t CO_2 im Holz. Diese Menge entspricht ungefähr dem CO_2-Ausstoß eines Mittelklasseneuwagens mit einer Fahrleistung von 8,8 Mio. Kilometern, was einer 220-fachen Erdumrundung entspricht. Durch die Verwendung von CO_2-reduzierten Recyclingbeton (RC-Beton) und Stahl wurden die Emissionen weiter reduziert und wertvolle Ressourcen eingespart. Insbesondere die Verwendung von zementreduzierten Betonsorten (CEM III/B oder CEM X) ist eine sehr kosteneffiziente Maßnahme für eine großflächige Emissionsreduktion.

Prämisse 10 – CO_2-Fußabdruck: Wie fast immer steckt der Teufel im Detail

Wir nähern uns in der Darstellung der sechzehn Prämissen von BKW Engineering unaufhaltsam den immer brennenderen Fragen und Themen unserer Zeit, zumindest denjenigen, die wir in der Baubranche maßgeblich mit beeinflussen können. Wer hätte zum Beispiel zu Beginn des neuen Jahrhunderts schon in den Dimensionen eines CO_2-Fußabdrucks gedacht? Diese Sichtweise änderte sich jedoch schnell und schlagartig, als der Öl- und Gas-Gigant BP 2003 mit einer 250 Mio. US-Dollar teuren Werbekampagne den Versuch startete, die Wahrnehmung der Verantwortung für die globale Erwärmung von der fossilen Energiewirtschaft auf die individuellen Verbraucher abzuwälzen. Im Zusammenhang mit dieser Kampagne fiel erstmals der Begriff *carbon footprint*, der die Ökobilanz des Unternehmens entlasten sollte.

Der CO_2-Fußabdruck eines Gebäudes oder gar der gesamten Bauwirtschaft ist ein ähnlich gelagerter Fall. Denn in aller Bescheidenheit gilt das Bauwesen als der weltgrößte Verbraucher und Emittent klimaschädlicher Emissionen. Professor Dr. Werner Sobek befasst sich mit diesen größtenteils horrenden Umständen in seiner Trilogie *non nobis* und hat dementsprechend den Energiebedarf im Bauwesen errechnet und analysiert. Ihm fielen jedoch schnell die Unregelmäßigkeiten und Ungereimtheiten in den Ergebnissen auf:

„Die politisch eingeforderten Energieeffizienzmaßnahmen im Bauwesen haben sich stets auf die Reduktion des Energieverbrauchs in der Nutzungsphase der Bauwerke bezogen. Die Frage, wie viel Energie aufzuwenden ist, um die für das Bauen erforderlichen Rohstoffe zu gewinnen, sie zu Halbzeugen zu verarbeiten und schließlich zu einem Gebäude zusammenzufügen, blieben genauso außen vor wie die Frage des in der Rückbauphase entstehenden Energieverbrauchs. … Letztlich ist es dem deutschen Gesetzgeber mit dem Gebäudeenergiegesetz (GEG) gelungen, ein rechtsverbindliches Gebilde zu schaffen, das der Laie nicht mehr versteht und das selbst Architekten und Bauingenieure größtenteils nicht herleiten oder begründen können.“ (31)

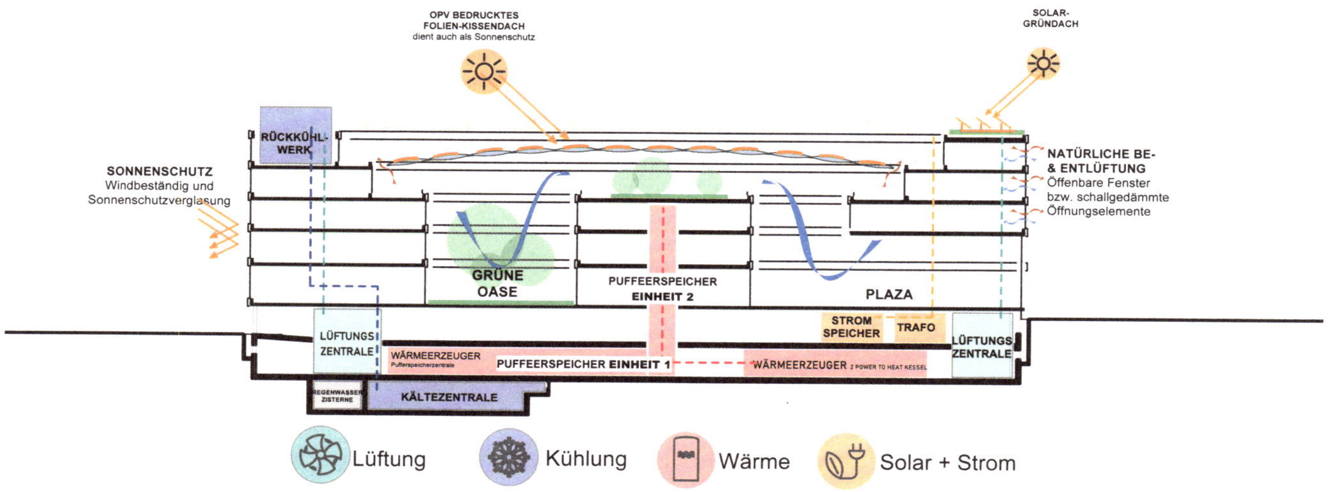

Mikroklima

- Geometrie des Gebäudes
- Ausrichtung zum Altbau

Öffentlicher Raum & Programm

- Überdachter Innenhof

Luftqualität

- Natürliche Belüftung über Fenster
- Mechanische Belüftung

Geringe Betriebs- und Pflegekosten

- hohe Energieeffizienz
- hochwertiger Materialien

Stoffkreislauf

- Flexible Gebäudestrukturen
- Gebäude als Rohstoffdepot
- Begleitende Materialdokumentation
- Wertstoffmanagement

Mobilität

- multimodales Verkehrsangebot
- CO_2-Neutralität anstreben
- Integration in die ÖPNV
- E-Mobility inkl. E-Bikes

Akustischer Komfort

- Deckensegel
- ruhiger Campus
- Absorption – funktionale Fassade

Nutzfläche mit Alleinstellungsmerkmal

- Kommunikative Aufenthaltsflächen
- Dachbegrünung
- Urban Farming, Food Trucks
- Baubotanik, Foyers sind begrünt
- Businessgärten

Regenwasser

- Gründach als Regenwasserfilter
- für Grünanlagen
- Rigole und Zisterne als Speicher

Energie

- Power-to-Heat
- Günstiger Spot Markt Strom
- Innovative PV-Lösung

Ergo, ein Casus, der einen selbst wohlmeinenden Planer vor entsprechende Aufgaben oder sogar Rätsel stellt. Auch BKW Engineering ist sich der teilweisen Vertracktheit des Problems bewusst. Aber es darf nicht sein, dass Architektur auf seine Materialität reduziert wird und teilweise zur bloßen gesellschaftlichen, baulichen Hinterlassenschaft verkommt oder gar ein Erbe, mit dem wir uns – die Menschheit – im schlimmsten Fall gar nicht mehr identifizieren oder gar abmühen möchten. Deswegen schlug BKW Engineering folgende Strategie bei der *BKW Plaza* vor, die die Fragen der Energiebilanz transparent und verständlich bewertet und definiert.

Der CO_2-Fußabdruck des neuen Headquarters wird deutlich geringer ausfallen als bei einem vollständigen Neubau auf der grünen Wiese, nicht zuletzt durch die intelligente Weiternutzung der bestehenden Bausubstanz. So wird das historische Bestandsgebäude komplett erhalten, während das rückwärtige Gebäude aus den 1960er Jahren aufgrund der niedrigen Geschosshöhen, schlechter Dämm- und Energiestandards nicht zukunftsfähig ist. Im Sinne der Nachhaltigkeit wird aber *weiter genutzt, was erhalten werden kann* – so entsteht der Neubau auf der bestehenden verbleibenden Gründung und den Untergeschossen. Dieser ressourcenschonende Umgang mit dem Bestand spart Baumaterial und graue Energie und verlängert die Lebensdauer der bestehenden Strukturen erheblich.

Das nachhaltigste Gebäude ist eben das, das nicht gebaut werden muss – oder in diesem Fall: nur so viel wie nötig. Der Entwurf setzt auf praxisnahe, robuste und natürliche Lösungen statt auf maximale technische Raffinesse. Ein ganzheitlicher Nachhaltigkeitsansatz zielt darauf, Energieverluste zu minimieren, gleichzeitig aber Energiegewinne aus erneuerbaren Quellen und passive Maßnahmen intelligent zu nutzen:

Die natürliche Be- und Entlüftung der Büros, die Regenwasserspeicherung in Zisternen sowie die adiabate Kühlung durch Wasserflächen wie das Becken am Viktoriaplatz tragen zur Minimierung des Energiebedarfs bei. Ebenso trägt die großzügige Bepflanzung in und um das Gebäude zur Verbesserung des Mikroklimas bei, indem sie Luftfeuchte und Temperatur reguliert und zugleich zur Luftreinigung beiträgt.

Ergänzt wird das Konzept durch den gezielten Einsatz ökologisch sinnvoller regionaler Materialien, etwa die Verwendung von Holz, ein klassischer ressourcenschonender und lokal verfügbarer CO_2-Speicher. Durch die richtige Wahl der Verbindungsmittel kann emissionsarm in der Herstellung und im Falle eines Rückbaus sortenrein getrennt werden.

Die thermische Energieversorgung ist über *Power-to-Heat-Anlagen* gewährleistet, deren Primärenergie sowohl aus dem Spotmarkt für Strom als auch aus einer Photovoltaikanlage bezogen wird. Die erzeugte Wärme wird in einem differenzierten Pufferspeichersystem im Untergeschoss sowie sichtbar im Gebäude gespeichert und bedarfsgerecht abgerufen – sowohl für den Bestand als auch für den Neubau. Im Sommer übernimmt ein hocheffizienter Absorber (COP 10) den Kühlbedarf, unterstützt durch eine Rückkühlanlage mit Free-Cooling-Funktion, die an über 180 Tagen im Jahr eine nutzbare Kühlung aus der Umgebungsluft bereitstellt.

Erneuerbare Energiequellen bestehen aus Hochleistungs-Photovoltaikmodulen, die auf den begrünten Dachflächen installiert werden, und zusätzlichen PV-Qualitäten, die auf dem innovativen Kissendach integriert sind. Die Begrünung von Dächern und Terrassen fördert nicht nur das Mikroklima, sondern dient in Kombination mit dem gesammelten Regenwasser auch der nachhaltigen Bewässerung der Außenanlagen und der Fassadenbegrünung.

***Anders planen, anders bauen* muss die Antwort sein.**

Es geht darum, neue Wege gehen, ohne dabei jedoch auf wichtige Erfahrungen zu verzichten, Innovation und Angemessenheit miteinander in Balance zu halten und Regulatorik durch Handlungsfreiheit zu ersetzen. Tatsächlich ist es ein schmaler Grat, wenn im schlimmsten Fall Freiheiten dann rückschreitend zur Untätigkeit der Akteure führen. Im Folgenden seien schlagwortartig die energetisch wirkungsvollsten Maßnahmen zur Verringerung des CO_2-Fußabdrucks bei der neuen *BKW Plaza* genannt:

- Nutzung von grünem Strom aus der firmeneigenen Produktion
- CO_2-freie Wärmeproduktion zu 100 % aus erneuerbaren Quellen
- kompletter Verzicht auf fossile Heizsysteme stattdessen thermische Energieerzeugung aus Power-to-Heat-Anlagen
- Heizlastannahme Altbau 80 W/m² = 502 kW, Annahme Neubau 20 W/m² = 291 kW, Summe circa 800 kW
- Kühllastannahme Altbau 80 W/m² = 502 kW, Annahme Neubau 70 W/m² = 1.017 kW, Annahme Datenzentrum 200 kW, Summe circa 1.750 kW
- Rückkühlleistung: Summe 4.375 kW, Rückkühlleistung 3 × 2.200 kW*
- Membrankissendach 30–50 %, bedruckt mit organischer Photovoltaik (oPV; Leistung circa 130 kW bei ca. 2.000 m², 65 Wpeak/m² (ca. 130 kW bei ca. 2000 m² oPV Aufstellfläche) ca. ⅓ kristalline PV (dafür aber transparent), Bedruckungsgrad 30–50 %, Gewicht 600 g/m², Materialstärke 0,3 mm. NOCT an einem Sommertag (800 W Einstrahlung) 40 Grad, bei kristallinen PV 60 Grad, jährliche Energieproduktion pro m²: etwa 29,3 kW/m², Gesamtfläche 2.000 m², jährliche Energieproduktion (gesamt) = 29,3 kW/m² × 2000 m², jährliche Energieproduktion (gesamt) = 58.600 kWh plus Photovoltaikmodule auf dem Gründach des Neubaus
- RLT-Anlagen mit Wärmerückgewinnung ausgestattet
- natürliche Be- und Entlüftung der Büros über zu öffnende Fenster
- Beheizung, Kühlung und Lüftung der Büros erfolgt ansonsten über Deckensegel mit Hybridfunktion.
- außenliegender Sonnenschutz mit Tageslichtlenkung

* Die Rückkühlleistung bezieht sich nicht auf Alt- oder Neubau.
Die zur Annahme gekommenen Kühllastannahmen entsprechen den bekannten Erfahrungswerten.

Prämisse 11 – Biodiversität & Vorsorgeprinzip:
Über die Entstehung von Gebäuden

Als Charles Darwin von 1831 bis 1836 mit der HMS Beagle um die Welt segelte, fiel ihm die unglaubliche und betörende biologische Vielfalt der Arten, ob Pflanzen oder Tiere, auf. Jahrzehnte später entwickelte er aus der von ihm wahrgenommenen Biodiversität seine Theorie über die Entstehung der Arten: *On the Origin of Species* von 1859. Entscheidend dabei ist Darwins Erkenntnis, dass Biodiversität ohne einen *struggle for existence* und eine sich daraus ergebende *natural selection* nicht möglich ist. Am Ende von Kapitel drei seines Hauptwerks kommt er sogar zu der bellizistischen Einsicht, dass ein *war of nature* jeglicher natürlicher Vererbung, Auslese und dem Überlebenskampf an sich zugrunde liegt: „*When we reflect on this struggle, we may console ourselves with the full belief, that the war of nature is not incessant, that no fear is felt, that death is generally prompt, and that the vigorous, the healthy, and the happy survive and multiply.*“ (32)

Wenn wir jetzt den Bogen von Charles Darwins Evolutionstheorie zu dem Überlebenskampf, dem *survival of the fittest* im Bauwesen und im Immobiliensektor schlagen, ist das zwar ein großer Sprung, aber wir kommen unmittelbar zum Projekt der *BKW Plaza*. Denn sie ist nichts anderes als ein natürlicher Prozess der kreativen Auslese, die auf jahrelangen Erfahrungen, einem tiefen Marktverständnis und einer beständigen Überprüfung der eigenen Prämissen und Maxime beruht. Ein präventiv-antizipatorisches Vorsorgeprinzip liegt dieser planerischen Evolutionstheorie ebenso eindeutig zugrunde.

Derartige theoretische und planerischen Ansätze, die auf Biodiversität und das Vorsorgeprinzip hinauslaufen, sind in vielerlei Hinsicht im Entstehungsprozess der *BKW Plaza* zu erkennen:

Unser Entwurf begreift die umgebende Natur nicht mehr nur als Kulisse oder individuelle Begleiterin, sondern als integralen Bestandteil der Arbeitswelt. Die Außenräume werden bewusst als Erweiterung des Büroraums verstanden: überdachte Höfe und Terrassen bieten Platz für informelle Treffen, konzentriertes Arbeiten oder erholsame Pausen. Die Natur wird zur inszenierten Bühne für neue Arbeitsabläufe – ein umfassendes atmosphärisches Szenario, das den Büroalltag verändert. In der *BKW Plaza* entfaltet sich ein grünes Ambiente, das an einen Garten oder Park erinnert und sich von einer bürotypischen hinzugefügten Fensterbrettbepflanzung klar unterscheidet.

Die landschaftliche Integration wird damit zu einem prägenden Entwurfsansatz. Begrünte Flächen, Terrassen und Freiräume prägen die Architektur in Form und Funktion. Terrassierte Baukörper öffnen sich über die Ebenen hinweg, schaffen Übergänge zwischen innen und außen und ermöglichen ein Arbeiten mit parkähnlichem Charakter – inmitten des städtischen Kontextes. Die bestehende große Rasenfläche am Viktoriaplatz wird durch ein Wasserbecken mit Fontänen und einer Nebelanlage ersetzt. Das Becken dient nicht nur als ästhetisches Element, sondern auch als Regenwasserspeicher und Verdunstungsquelle, wodurch das Stadtklima positiv beeinflusst wird. Der Wasserstand wird variabel gestaltet, um sowohl Funktionalität als auch Dynamik zu gewährleisten.

Ziel ist es, die Trennung zwischen *drinnen arbeiten* und *draußen leben* aufzuheben. Die bewusste Verzahnung von Architektur und Natur führt zu Raumabfolgen, die Innen- und Außenräume fließend verbinden. Licht, Temperaturen, Gerüche, Tages- und Jahreszeiten bleiben im Büroalltag spürbar – die Natur wird erlebbar.

Pflanzen, Bäume und gestaltete Grünflächen treten in einen unmittelbaren Dialog mit der Architektur. Die filigrane Hofüberdachung wird zur Entgrenzung des klassischen Büroraums – es entsteht ein geschützter Zwischenraum. Der Straßenraum entlang der Optingenstraße und Moserstraße wird durch Baumreihen akzentuiert, wodurch ein harmonisches Straßenbild entsteht. Zusätzlich wird die Schläfligasse mit einer Fassadenbegrünung aufgewertet, die sowohl optische als auch ökologische Funktionen erfüllt.

Prämisse 12 – Chancengerechtigkeit: Oder über die Verhältnismäßigkeit von Architektur

Architektur und moderne Arbeitswelten sind in unserer heutigen Welt, in der seit 2008 mehr als die Hälfte der Weltbevölkerung in städtischen Gebieten lebt – Tendenz bis 2050 weiter steigend, wenn wie prognostiziert zwei Drittel der Menschheit in Städten leben wird –, nahezu das Synonym für das Anthropozän. 75 % der weltweit eingesetzten Energie und 80 % aller Treibhausgasemissionen werden in Städten konsumiert und emittiert. Aus diesem Grund müssen dringend Konzepte auf den Tisch, die die urbanen Wirtschafts- und Gesellschaftszentren weiter optimieren, wenn nicht sogar revolutionieren. Denn wollen wir nicht in riesigen urbanen Slums ersticken, müssen wir auch im Sinne der Menschen handeln, die mit und für uns leben und arbeiten werden.

Einen Aus- und Einblick, wie eine derartige *smarte* Architektur aussehen könnte, gibt der in Kalifornien lebende Schriftsteller Dave Eggers in seinem futuristischen Roman *Der Circle* von 2013. Jegliche Ähnlichkeiten mit den Firmenzentralen von Google, Facebook oder Apple sind rein zufällig:

> „*Der Laufsteg erreichte den Hauptraum, breit und mit Fenstern und durch einen langen Flur geteilt. Auf beiden Seiten waren Büros mit Glasfronten vom Boden bis zur Decke, sodass die Mitarbeiter drinnen zu sehen waren. Alle hatten sie ihre Arbeitsplätze aufwendig, aber geschmackvoll dekoriert – ein Büro war voll mit Segelrequisiten, von den die meisten irgendwie in der Luft schwebten, aufgehängt an den offenen Balken, in einem anderen standen Bonsaibäume aufgereiht. Sie kamen an einer kleinen Küche vorbei, die Schränke und Regale aus Glas, das Besteck magnetisch, in einem ordentlichen Gittermuster am Kühlschrank angeheftet, alles erhellt von einem riesigen mundgeblasenen Kronleuchter, in dem bunte Glühlampen strahlten und dessen Arme sich orange und pfirsichfarben und pink ausstreckten. ‚Okay, da wären wir.'*" (33)

Architektur bzw. die Firmenzentrale ist in *Der Circle* die alles verbindende Metapher einer modernen Welt. Sie fasziniert, verbindet, führt zusammen und schließlich ist sie auch das Tableau für die im Roman angelegte Katastrophe. Mit anderen Worten: Architektur hat vielerlei Stürme auszuhalten und zu überstehen. Daher gilt der Grundsatz, bei der konzeptionellen Planung von Architektur immer eine gesunde Verhältnismäßigkeit zu bewahren. Weder zu pompös noch zu übermäßig sollte sie sein, dafür aber einer absoluten Verhältnismäßigkeit genugtun. Nicht von ungefähr bezeichnete schon der im Römischen Reich beheimatete erste Architekturkritiker Marcellus Vitruvius Pollio, genannt Vitruv, in *Zehn Bücher über Architektur / De architectura libri decem* die Architektur als die *Mutter aller Künste*.

Heutzutage ist Architektur weit mehr als Ausdruck der Repräsentanz oder gar der Macht. Bestenfalls ist sie im Fall von Zweckbauten ein zu Materie gewordener Ausdruck von Arbeit und Arbeitsverhältnissen. Architektur ist ein umfassendes Symbol der modernen Unternehmenskultur, einer gewissen Verhältnismäßigkeit.

Die BKW AG verfügt über einen traditionsreichen Standort in Bern, dessen architektonische Substanz von geschichtlicher Bedeutung ist, die jedoch weder in ihrer Größe noch in ihren funktionalen Standards den Anforderungen eines modernen Unternehmens entspricht. Vor diesem Hintergrund bietet sich die Chance zur Transformation – hin zu einem zukunftsfähigen Headquarter, das nicht nur den Bedürfnissen zeitgemäßer Arbeitswelten gerecht wird, sondern auch eine neue Haltung zum Ausdruck bringt.

Nachhaltigkeit bedeutet in diesem Zusammenhang mehr nur als energieeffizientes Bauen. Sie erfordert eine gesamtheitliche Betrachtung, die ökologische, ökonomische und soziale Aspekte integriert. Im Zentrum steht dabei die Steigerung der Lebensdauer und der Nutzungsintensität der Gebäude. Denn jedes Bauwerk, das nicht neu errichtet werden muss, ist – in dieser Logik – das nachhaltigste. Durch die intelligente Umnutzung und sorgfältige Weiterentwicklung lässt sich nicht nur wertvolle graue Energie erhalten, sondern auch ein starker architektonischer Rahmen für die Arbeitswelt von morgen schaffen.

Diese neue Arbeitswelt *New Work* basiert auf Qualität und intelligentem Design – nicht auf Quantität um jeden Preis. Der Entwurf verkörpert moderne Prinzipien von Arbeitsarchitektur, in der Ästhetik, Funktionalität und Nachhaltigkeit eine selbstverständliche Verbindung eingehen. Die Räume unterstützen ein vernetztes, ressourcenschonendes und menschenzentriertes Arbeiten. Dabei steht die Effizienz der Arbeit, die Flexibilität der Zusammenarbeit, die Transparenz der Prozesse und die Wirtschaftlichkeit gleichermaßen im Fokus.

Gleichzeitig soll der neue Campus ein klares Zeichen für Offenheit und gesellschaftliche Verantwortung setzen. Der soziale Mehrwert für das Quartier ist kein Nebenaspekt, sondern ein zentrales Anliegen des Entwurfs. Die Partizipation der Stadtgesellschaft wird bewusst angestrebt – sowohl im Planungsprozess als auch im späteren Alltag. Ein offener Campus mit hoher Aufenthaltsqualität lädt ein, schafft Begegnungsräume und leistet damit einen echten Beitrag zur Belebung des städtischen Umfelds.

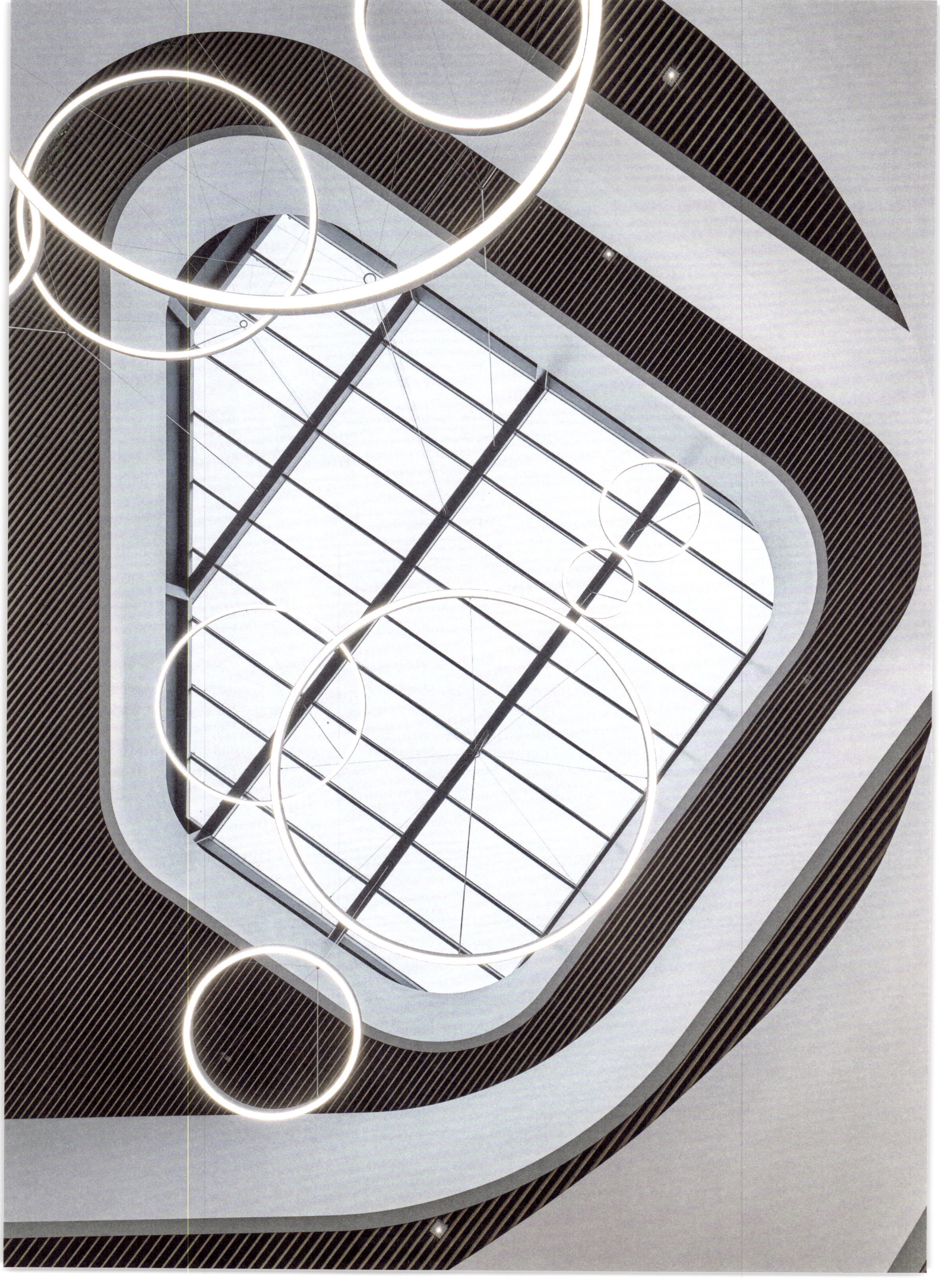

**Prämisse 13 – Arbeitssicherheit & Wohlbefinden:
Leben und Arbeiten in den neuen Jobwelten des *New Work***

War die industrielle Moderne noch von einer bedrückenden materiell-schmutzigen Schwere, Schwerfälligkeit und Masse gekennzeichnet, ganz wie Adolph Menzel sie mit seinem Gemälde *Eisenwalzwerk* (1872–75) dargestellt, ist die postindustrielle digitale Moderne der Algorithmen das krasse Gegenteil. Das fast durchweg reine, saubere Umfeld richtet sich nach betont leichten, dynamischen, wechselhaften, flexiblen, flüchtigen und schnellen Bewegungs- und Handlungsabläufen aus. Aus dem kunsthistorischen Blickwinkel sind wir bei den abgezirkelten und aseptischen Kunstobjekten eines Donald Judd oder gar den poppig-neobarocken Verzückungen von Jeff Koons angekommen. Sprachlich bewegen wir uns zunehmend in einer von Anglizismen dominierten Sprache und in einem neuen Jobsystem, was sich seit den 1970er Jahren *New Work* nennt.

Aber Arbeit ist immer noch Arbeit! Obwohl die marxistische Entfremdung und Ausbeutung des Proletariats nicht mehr auf die heutigen gesellschaftlichen Zustände (zumindest in der westlichen Welt) zutreffen, fühlen sich dennoch Menschen durch ihre erwerblichen Jobs vermehrt gestresst, gefrustet und vielleicht sogar vom Burnout geplagt. Eine Antwort auf die sieben Plagen des Arbeitslebens fand (nach eigenem Ermessen), der aus Österreich stammende und in den USA lehrende Sozialphilosoph Frithjof Bergmann mit dem Begriff *New Work* (34).

Denn der moderne postindustrielle Arbeitsmarkt erschöpft die Mitarbeiter z. B. durch Automation, wandelnde Organisationsstrukturen und Digitalisierung in einer viel subtileren und damit auch grundsätzlicheren Art und Weise als z. B. noch harte körperliche Arbeit. Aus diesem Befund leitet Bergmann die Notwendigkeit des *New Mindset* von *New Work* ab: „*However, as soon as we understand that altogether New Work Systems can be created, that claustrophobia drops away. We wake from it, as we wake from a hypnotic trance. It does seem a bit magical or miraculous, but that is because we are talking about a mental, an intellectural change.*“ (35)

Zentrale Werte des *New Work* sind Freiheit, Selbstbestimmung und -verantwortung sowie eine sinnvolle und erfüllende Arbeit, die eng mit der eigenen Entwicklung und einer sozialökologischen Verantwortungsübernahme verbunden ist. Es bedarf sogenannter *Soft Skills* – im Gegensatz zur rein technischen Kompetenz der *Hard Skills*, um diesen Veränderungen persönlich gerecht zu werden. So handelt es sich bei den *Soft Skills* um zwischenmenschliche Beziehungen, Kompetenzen der Kommunikation, Problem- und Konfliktlösung einschließlich des kritischen Denkens. Folglich sollten auch die Lebens- wie Arbeitsorte diesen Anforderungen genügen; ihre harte äußere Hülle sollte transparent, flexibel, begrünt und mannigfaltig nutzbar sein; stimmig für eine perfekte Work-Life-Balance.

„*Die Komposition des Raumes*“, Firmenzentrale IKK Group, Graz, IKK Group GmbH, © David Schreyer

Unsere Vorstellung vom sogenannten *House of BKW Bern*, in dem alle Architekten und Ingenieure auf kurzem Wege zusammenarbeiten, ist ein solcher Arbeitsort. Der *Genius Loci*, sprich der innewohnende Charakter, Sinn, Zweck und die Gestaltung des Ortes, bringt die eine einzigartige Atmosphäre hervor und ist Ausdruck eines Selbstverständnisses. Im Allgemeinen beschreibt diese Persönlichkeit teilweise mehr, teilweise weniger die dauerhafte und stabile Organisation des Charakters eines Menschen, also seine Eigenart, den Intellekt oder seine kognitiven Fähigkeiten, seines Temperaments im Sinne des individuellen Entstehens und Erlebens von Gefühlen, aber auch des Körperbaus, also des äußeren Erscheinungsbilds eines Menschen – schlicht das physische Abbild seines Wesens. Dieses Bild lässt sich ebenfalls auf die Organisation und Beschaffenheit eines Unternehmens übertragen, auf dessen funktionale Aufbauorganisation oder ihrer baulichen Übertragung auf den Arbeitsort eines *Networking Designs*.

In diesem *House of BKW Bern* sollen all diese Eigenschaften, Einstellungen, Gefühle und Verhaltensweisen unseres *Network of Excellence* physisch erkennbar werden. Folgerichtig sind darin die Säulen der künftigen Arbeitswelten enthalten, die für uns gleichzeitig Orte der Innovation, Synergie und des Austausches, der Zugehörigkeit, Flexibilität und des Raumes für Wachstum sind. Die architektonische Übersetzung dieser ideellen und gestalterischen Leitplanken ist die künftige *BKW Plaza*:

Dieses neue Headquarter der BKW AG holt die Mitarbeitenden wieder zurück ins gemeinsame Büro. Netzwerkpartner kommen in einem *Netzwerkknoten* zusammen, um die Methodenkompetenz der Integralplanung in einer *Shared Design Economy* physisch und aktiv umzusetzen.

Die Architektur der *BKW Plaza* schafft ein Umfeld, das nicht nur funktional ist, sondern zugleich atmosphärisch, identitätsstiftend und auf das Wohlbefinden der Mitarbeitenden ausgerichtet ist – ein Ort, der die Aneignung durch die Menschen im Sinne von Identifikation, Interaktion und sinnstiftender Arbeit möglich macht.

Ein vielfältiges Raumangebot bildet die Grundlage dieser neuen Arbeitswelt. Verschiedene Bereiche – für konzentriertes Arbeiten, für Teamarbeit, Besprechungen, Konferenzen oder spontane informelle Begegnungen – stehen flexibel zur Verfügung. Der Arbeitstag beginnt nicht zwingend am festen Platz, sondern mit der bewussten Wahl des geeigneten Umfelds je nach Tätigkeit oder Bedürfnis. Dabei definieren die Räume gängige Standards neu: Offenheit und Kommunikation stehen im Fokus, ebenso wie Rückzug und Ruhe, wenn sie gebraucht werden. Die Architektur unterstützt mit ihren dialogfördernden Raumkonzepten eine offene Unternehmenskultur.

Zentrale Elemente des Raumkonzepts sind kommunikative Treffpunkte für Austausch, Pausen und spontane Gespräche. In den lichtdurchfluteten Höfen und auf den grünen Terrassen laden bewusst gestaltete Gesprächszonen mit Sitzgruppen unter Sonnenschirmen zum Verweilen ein. Großzügigkeit, Transparenz, Lebendigkeit und Eigenständigkeit prägen die Räume, Klarheit und Einfachheit der Struktur geben Orientierung. Die Wege sind intuitiv, die Raumwirkung ist offen und zugleich strukturiert.

Wesentlich ist die Vernetzung der Flächen horizontal, die Büroetagen des Altbaus integrierend als Ringschluss und vertikal zwischen den Geschossen. Die Verbindung zwischen Alt- und Neubau ist ein wesentlicher Bestandteil des Konzepts: Sichtbezüge, Durchwegungen und kurze Wege sorgen dafür, dass sich das Ensemble als zusammenhängende Arbeitswelt erleben lässt. So entstehen Bewegungen, die die Grenzen zwischen den Gebäudeteilen aufheben und die Kommunikation über Abteilungs- und Hierarchiegrenzen hinweg fördern.

Je nach Arbeitsform stehen unterschiedliche Raumangebote bereit: Für Teamarbeit gibt es loungeartig gestaltete Zonen, die Kommunikation und gemeinsames Denken fördern. Für konzentriertes Arbeiten ermöglichen akustisch abgeschirmte Einzelarbeitsplätze entlang der Fassaden einen ruhigen Rückzugsort. Und für kurze Unterbrechungen oder schnelles E-Mail-Checking stehen Steharbeitsplätze bereit, die flexible Zwischenstopps erlauben.

Die räumliche Organisation folgt dem Bild einer offenen, kommunikationsfördernden Bürolandschaft, die terrassenförmig angelegt ist. Auf den Ebenen gibt es über die Terrassen einen direkten Zugang zu den begrünten Höfen. Überspannt werden die Grünräume durch die filigrane Dachkonstruktion mit transparenten Folienkissen, mit der die Innenhöfe und Terrassen vor Regen geschützt werden und die Nutzungsdauer des Außenraums erweitert wird. So entsteht eine ruhige, natürliche Grundstimmung, die das Gebäude als Lebensraum erlebbar macht – offen, grün, inspirierend.

Prämisse 14 – Künstliche Intelligenz:
Für einen verantwortungsvollen Umgang mit Künstlicher Intelligenz als Assistenzsystem

Künstliche Intelligenz (KI) und deren Einsatz spaltet und entzweit die Geister. Buchtitel von *Digitaler Humanismus: Eine Ethik für das Zeitalter der Künstlichen Intelligenz* bis zu *Die große Vertrauenskrise: Ein Bewältigungskompass* [36] decken die volle Breite des fachlich-emotionalen Wahrnehmungsspektrums ab. Bei all diesen teilweise kontroversen Bewertungen der digitalen Entwicklung ist nur eines sicher: Die KI wird als Industrie 4.0 – gleichbedeutend mit der vierten Industriellen Revolution – unser Leben so maßgeblich beeinflussen und bestimmen, wie es bisher bereits z. B. durch die Erfindung der Dampfmaschine, des Automobils oder des Internets geschehen ist.

Allerdings, wenn die Dampfmaschine und Motoren unsere Muskelkraft ersetzen, wird KI unser eigenes Denken und mentale Ströme wie z. B. das Träumen simulieren bzw. antizipieren und schließlich überflüssig machen? Die Europäische Union erließ im Frühjahr 2024 eine KI-Verordnung, den *AI Act* [37], die weltweit das erste Regelwerk zu diesem Thema ist. Die Europäische Union (EU) unternahm damit einen beherzten Versuch der Regulierung, die den Balanceakt zwischen Innovation und Risikoschutz wagt.

Wenn KI als „*die Fähigkeit von Maschinen, basierend auf Algorithmen Aufgaben autonom auszuführen und dabei die Problemlösungs- und Entscheidungsfähigkeiten des menschlichen Verstandes nachzuahmen*“ [38], definiert wird, dann folgt daraus automatisch, dass sich ein national und international agierendes Unternehmen wie die BKW AG und auch BKW Engineering neben Einsatzbereichen von KI auch die entsprechenden Statuten im Umgang mit KI definiert und auferlegt. Es lassen sich zwei essenzielle Bereiche identifizieren, die im gegenseitigen Austausch stehen:

- in positiver, affirmativer Hinsicht: KI als Assistenzsystem für die Bearbeitung und Lösung planerisch-baulicher Aufgaben wie im Fall von BKW Engineering, z. B. zur Schaffung eines maximal intelligenten Gebäudes.
- in negativer, kontrollierender Hinsicht: die Vorwegnahme und Verhinderung von unreflektierten Anwendungen, z. B. für die Steuerung großer Energienetze oder bei einer nachteiligen Interpretation der hier gelisteten Prämissen bis einschließlich widerrechtlicher Handlungen bei der Planung und dem Bau von Gebäuden.

Neue Werkzeuge schaffen neue Ideen, KI-generierter Entwurf Chrysler Building, Neo York, HWKN Architecture, © HWKN Architecture in collaboration with AI

KI kann insbesondere in frühen Planungsphasen eingesetzt werden, um verschiedene Entwurfsvarianten unter Berücksichtigung von Energieeffizienz und Materialwahl zu simulieren. So ermöglicht etwa ein KI-gestütztes Simulationssystem die automatisierte Analyse von Sonnenverläufen und Verschattungen, um die ideale Gebäudeausrichtung und Fassadengestaltung zu berechnen. Ein weiteres praktisches Beispiel für ein solches Tool ist die Anwendung von *Grasshopper*, ein Plugin für *Rhino*, das es ermöglicht, komplexe parametrische Designs mit einer visuellen Programmierung zu erstellen. KI-Integrationen können für die Optimierung und Simulation verwendet werden. Damit lassen sich für Projekte wie die *BKW Plaza* unterschiedliche Fassadenvarianten oder Tragwerksraster generieren und in Bezug auf Lichtverhältnisse, Materialverbrauch oder strukturelle Effizienz bewerten. Eine weitere programmierte Anwendung ist *Phyton*, eine vielseitige Programmiersprache, die in den mit *ArchiCAD* bearbeiteten Modellen wiederkehrende oder zeitaufwendige Aufgaben automatisiert und eine Reduktion des Arbeitsaufwandes bei Routineaufgaben ermöglicht.

BKW Engineering gestaltet Planungsprozesse zukunftsorientiert, modellbasiert und mit höchsten Ansprüchen an Qualität und Transparenz. Die *Open-BIM-Methode* ist dabei nicht nur ein technischer Standard, sondern Ausdruck unseres Selbstverständnisses als kooperativer, vernetzter und digitaler Planungspartner. Mithilfe von konsistenten Datenmodellen schafft BKW Engineering eine gemeinsame, verbindliche Grundlage für alle Projektbeteiligten – über alle Leistungsphasen hinweg.

Die digitale Infrastruktur erlaubt es, Planungen effizient, fehlerarm und nachvollziehbar umzusetzen. KI dient dabei als wertvolle Unterstützung: Sie unterstützt bei der Analyse, Strukturierung und Auswertung großer Datenmengen – nicht als Ersatz, sondern als Ergänzung menschlicher Erfahrung und Ingenieurskunst. Dabei ist klar: Der Einsatz von KI erfolgt immer verantwortungsvoll, transparent und unter Wahrung ethischer Grundsätze.

BKW Engineering nutzt digitale Werkzeuge nicht als Selbstzweck, sondern zur Erhöhung der Planungssicherheit, zur Entlastung der Mitarbeitenden und zur Schaffung messbarer Mehrwerte für Kunden. Innovation wird als ein kontinuierlicher Prozess begriffen – getragen von technischem Know-how, methodischer Exzellenz und einem klaren Wertekompass.

„*Der Himmel über Dubai*“, Rostamani Tower, Dubai, planquadrat Elfers Geskes Krämer GmbH, © planquadrat Elfers Geskes Krämer GmbH

Prämisse 15 – Daten & Information:
Über die normative Kraft des Faktischen

Daten sind bekanntlich der Rohstoff des 21. Jahrhunderts. Es sei dahingestellt, ob nun für die Industrie und Wirtschaft oder die Politik. Aber die Fragen, die sich daraus ergeben, und die Dinge, die die Verwendung von Daten tangieren, sind immer die gleichen. Sie betreffen vornehmlich drei Bereiche, nämlich die Erhebung, Speicherung und Nutzung.

Wie geht man mit *Big Data* um? Welche Kontrollen legt man sich selbst auf? Wie gestaltet sich ein verantwortungsvoller Umgang? Auf diese und andere Fragen hat BKW Engineering bisher noch keine passenden Antworten gefunden. Allerdings sind in der freiheitlich demokratischen Rechtsordnung Antworten auf diese schwierigen Fragen eine grundlegende Voraussetzung für das Handeln und Wirtschaften. Der Wille dazu und die Offenheit verbunden mit Wachsamkeit für derartige Belange sind schon, u. a. in den hier vorgestellten Prämissen, zu erkennen und ein Kompass unserer täglichen Arbeit. Jetzt gilt es, diese Ansprüche zu festigen und weiter auszubauen. Derartige Wissens- und Kontrollsituationen und Chancen hat es in der Menschheitsgeschichte noch nie gegeben.

Validierten Daten obliegt die normative Kraft des Faktischen. Die Normativität der Mittel liegt aller Handhabung von Daten und Informationen zugrunde. Dieses Thema griff Jürgen Habermas schon 1968 in seiner Frankfurter Antrittsvorlesung auf, indem er die Frage stellte, wie in modern-technokratischen Gesellschaften *zuverlässige Erkenntnis möglich sei.* [39] Erstaunlich ist, dass Habermas noch in Zeiten, als es keine PCs und kein Internet gab, klar erkannte:

> *„Der Selbsterzeugungsakt der Menschengattung ist vollendet, sobald sich das gesellschaftliche Subjekt von notwendiger Arbeit emanzipiert hat und gleichsam neben eine verwissenschaftliche Produktion tritt.“* [40]

In dieser Vorhersehung eines z. B. durch KI gesteuerten digitalen Paradieses ist es dem Individuum nach Habermas nicht mehr gestattet, *zur Emanzipation des selbstbewussten, den gesellschaftlichen Lebensprozess erkennenden und regelnden Subjekts* (41) zu reifen. In einem solchen Fall hätte u. a. auch die normative Kraft des Faktischen versagt. Datenbanken werden geplündert von postfaktischen Verschwörungstheoretikern. Ohne den weiteren apokalyptischen Gedanken nachzuhängen, ließe sich die Relevanz von Datenbeständen nach Ludwig Wittgensteins Sentenz *Die Welt ist alles, was der Fall ist* (42) im heutigen digitalen Zeitalter mühelos umwandeln in: Die Welt ist alles, was die Daten sind.

BKW Engineering geht sorgfältig mit **Daten** um und sorgt für Zugänglichkeit aller Informationen, damit jeder Planungspartner seine Leistung optimal erbringen kann.

Daten bilden das Fundament unserer Projekte und sind die Grundlage für fundierte Entscheidungen, präzise Planungen und effiziente Abläufe. Daher behandeln wir sämtliche Daten mit höchster Sorgfalt, Integrität und in Einklang mit den geltenden Datenschutz- und Sicherheitsstandards. Für uns bedeutet Datenmanagement nicht nur Schutz, sondern auch Verantwortung gegenüber unseren Projektpartnern, Auftraggebern und internen Teams.

Zugleich ist BKW Engineering überzeugt: Nur durch eine gezielte Informationsverfügbarkeit kann eine exzellente Zusammenarbeit entstehen. Es stellt sicher, dass relevante Informationen für alle Beteiligten strukturiert, aktuell und verständlich zugänglich sind – vom ersten Entwurf bis zur Fertigstellung und darüber hinaus. So fördert es eine reibungslose Koordination und ermöglichen es jedem Partner, seine Expertise gezielt einzubringen.

Mit unserer Datenstrategie verfolgt BKW Engineering das Ziel, Prozesse zu vereinfachen, Redundanzen zu vermeiden und Planungspotenziale voll auszuschöpfen. Durch vernetzte Systeme und transparente Schnittstellen schafft es Vertrauen, fördert Eigenverantwortung und stärkt die gemeinsame Projektqualität im Netzwerk von BKW Engineering.

„*Die Ästhetik von Terminen*", Bauphasenplanung Gotthard-Tunnel, ProBAS AG

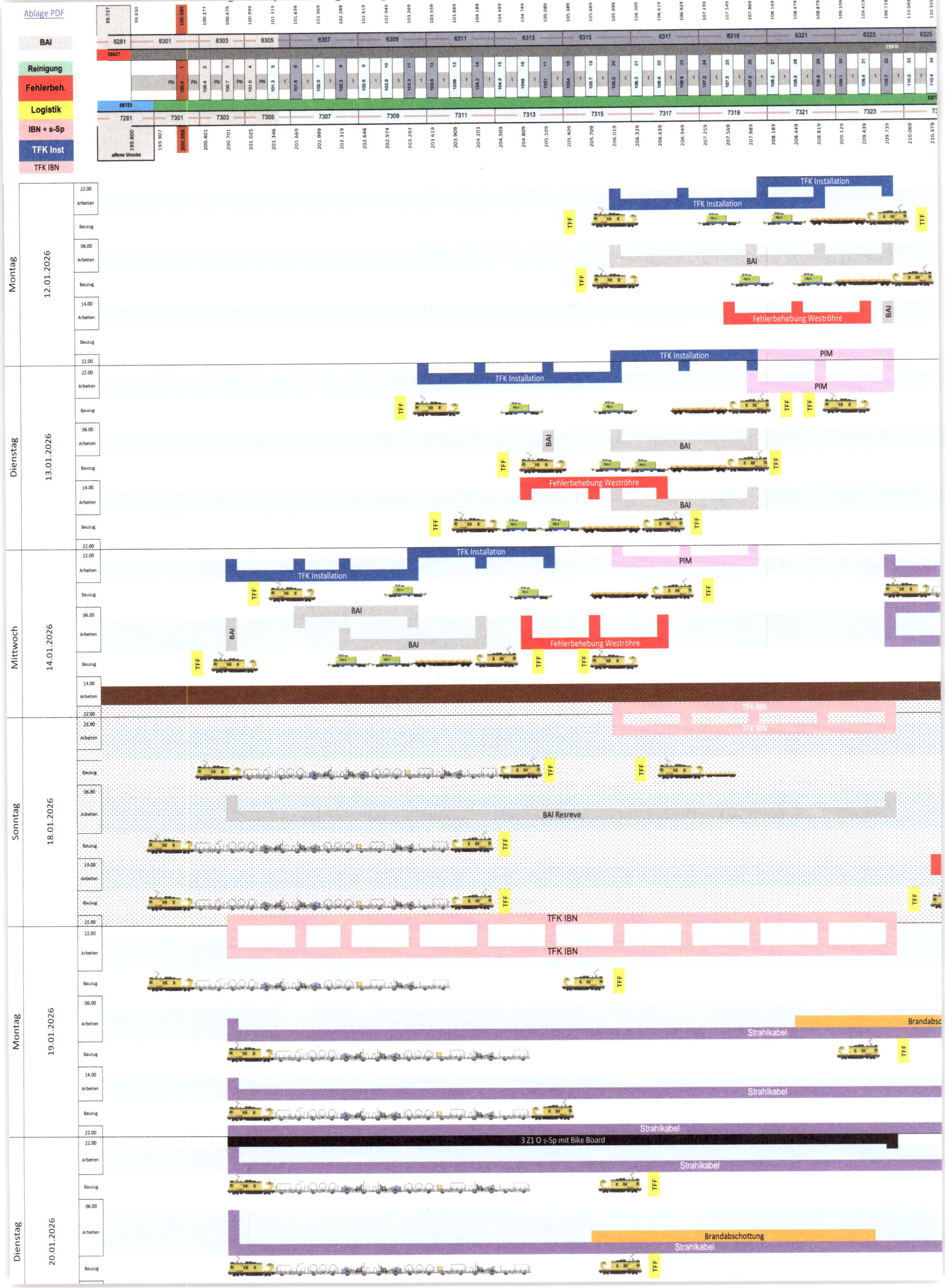

Ablage PDF
BAI
Reinigung
Fehlerbeh.
Logistik
IBN + s-Sp
TFK Inst
TFK IBN
offene Strecke
Montag
12.01.2026
Dienstag
13.01.2026
Mittwoch
14.01.2026
Sonntag
18.01.2026
Montag
19.01.2026
Dienstag
20.01.2026
22.00
06.00
14.00
Arbeiten
Bauzug
TFK Installation
TFF
Fehlerbehebung Weströhre
PIM
TFK IBN
BAI Resreve
Strahlkabel
Brandabschottung
3 Z1 O s-Sp mit Bike Board

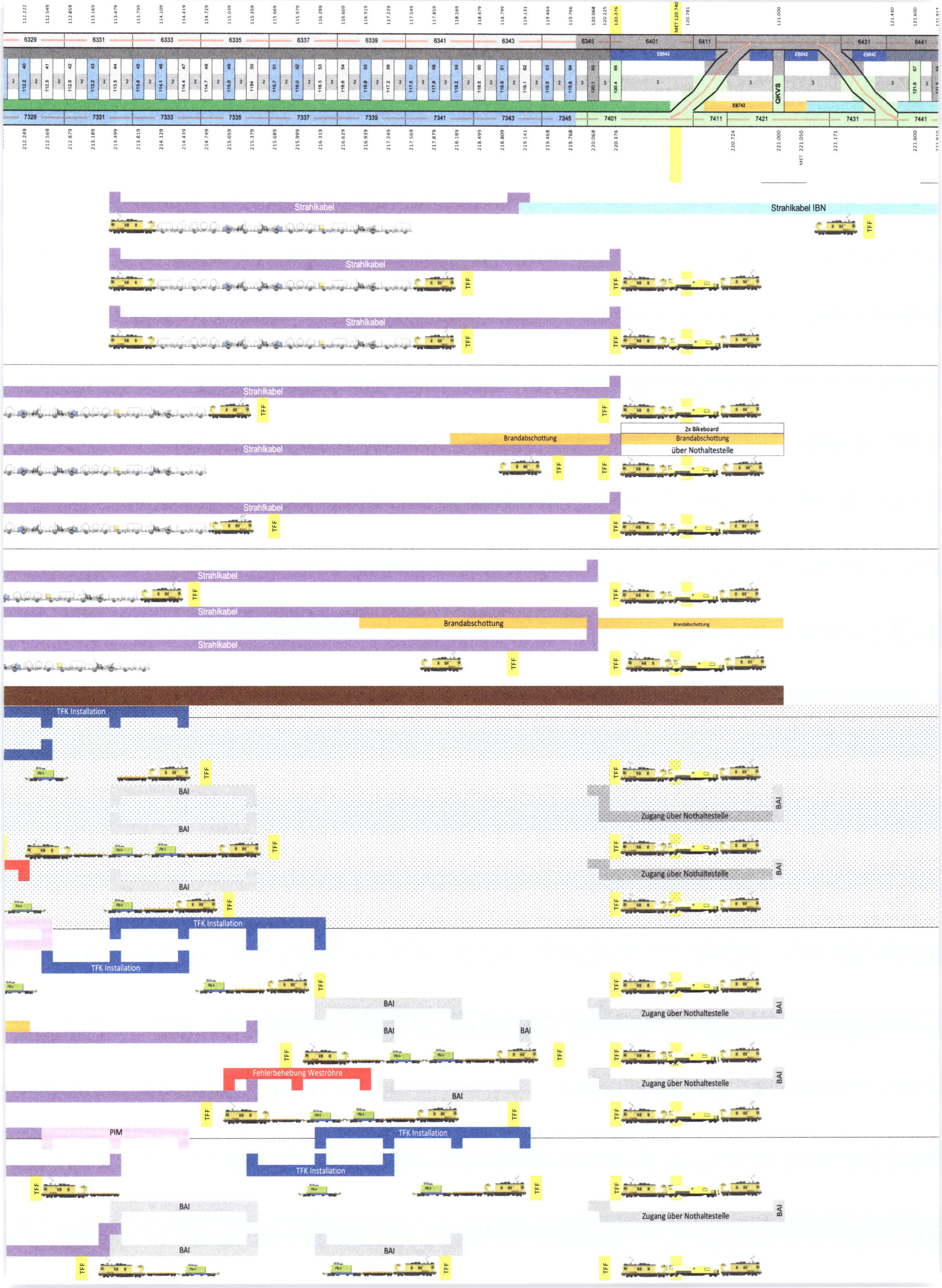

6329
6331
6333
6335
6337
6339
6341
6343
6345
6401
6411
6431
6441
QKVS
7329
7331
7333
7335
7337
7339
7341
7343
7345
7401
7411
7421
7431
7441
Strahlkabel
Strahlkabel IBN
TFF
2x Bikeboard
Brandabschottung
über Nothaltestelle
TFK Installation
BAI
Zugang über Nothaltestelle
Fehlerbehebung Weströhre
PIM

Prämisse 16 – Dokumentation & Planungskennwerte: Kontextuelles Narrativ des Bauens

BKW Engineering bemüht sich um eine umfassende Dokumentation aller Planungen und Baumaterialien und leitet aus den Projekterfahrungen zunehmend Planungskennwerte ab. Eine sorgfältige und vollständige Dokumentation ist daher weit mehr als eine formale Pflicht – sie ist ein strategisches Element der Qualitätssicherung und Wissensbildung. Alle wesentlichen Planungsschritte, Materialentscheidungen und technischen Details werden systematisch und nachvollziehbar dokumentiert. Damit entsteht eine transparente Grundlage für Kontrolle, Weiterentwicklung und Wiederverwendbarkeit.

Die Projekterfahrungen werden kontinuierlich ausgewertet, um daraus belastbare Planungskennwerte zu generieren. Diese Kennwerte helfen dabei, zukünftige Projekte realistischer zu kalkulieren, technische Lösungen zu optimieren und Risiken frühzeitig zu erkennen. So wird Praxiserfahrung in systematisch nutzbares Wissen umgewandelt. Mit diesem Ansatz wird nicht nur die eigene Expertise gestärkt, sondern auch eine Wissensbasis für zukünftige Projekte geschaffen. Ziel ist es, aus jedem Projekt zu lernen – und dieses Wissen aktiv in neue Projekte und Partnerschaften einzubringen.

> ABER: Es wird sich (in der Baubranche) zu Tode archiviert, bis von alledem rein gar nichts mehr übrig bleibt: Denn es lässt sich mit Leichtigkeit behaupten, dass alles Digitale, also das Digitalmodell – statt auf Kreislaufwirtschaft – *auf planbare Flüchtigkeit!* [43] setzt. Das wiederum besagt, dass alles veraltet, ästhetisch sowohl technisch genauso wie es gleichermaßen in Windeseile zu Schrott verfällt. Diese zentrale Botschaft stammt von Armen Avanessian, Literaturwissenschaftler, Philosoph und Hyperstitionist, der an der Zeppelin-Universität zu Friedrichshafen Medientheorie lehrt. Er schreibt ins digitale Stammbuch: „*Die von den Medien durchdrungene Welt verändert ihre Konsistenz. Die Dinge verlieren ihre ontologische Identität und nehmen eine zeitliche ›Identität‹ an, die wir auch ihre Momentanität nennen können.*“ [44]

Trotz dieser Hiobsbotschaft – auch Ephemerologie genannt – einer sich selbst verflüchtigenden Digitalität, die auf einer „*maximalen Kontingenz digitaler Dinge*“ [45] beruht, ist es geboten, Auswege aus dem digitalen Fatalismus aufzuzeigen. In der Bauwirtschaft geht es dabei immer noch darum, beständig reflexiv vorzugehen.

Gemeint ist damit schlicht und einfach, Lehren aus dem eigenen Planen und Handeln zu ziehen, Erkenntnisse für zukünftige Aufgaben akribisch zu sammeln und auszuwerten. Auch nach dem Abschluss der Planungs- und Bauarbeiten sowie der Gebäudeübergabe an den Nutzer verbleiben Dinge (im Raum), die erledigt werden müssen.

Spätestens an dieser Stelle greift ein kontextuelles Narrativ des Bauens. Es wird bei BKW Engineering bewusst gleich vom ersten Strich und der initialen Skizze an systematisch entwickelt und aufgebaut. Zielgerichtet wird mit diesen Erinnerungen der Planungsgeschichte umgegangen, sie werden gepflegt, dokumentiert und intern – und gegebenenfalls extern – an die Beteiligten neuer Bauprojekte übermittelt. Es entsteht so etwas wie ein emphatisch-immersives Erzählen vom und über das Projekt.

So ist auch die in diesem Buch dargestellte Geschichte des Denkens und Handelns mit Bezug auf die *BKW Plaza* ein integraler Bestandteil jenes erzählerischen Prozesses. Rekursive Betrachtungen von Geschichte(n) haben einen hohen Stellenwert innerhalb von BKW Engineering und der BKW AG. Sie sind u. a. sichtbarer Teil der Firmengeschichte, die sich sowohl im historischen Stammsitz am Berner Viktoriaplatz als auch am neu geplanten und noch zu errichtenden *BKW Plaza* wiederfindet.

1 Senge, Peter Michael: *Die fünfte Disziplin: Kunst und Praxis der lernenden Organisation*, Schäffer-Poeschel, Stuttgart 2011.
2 Bloch, Ernst: *Das Prinzip Hoffnung*, 3. Bände, Suhrkamp, Frankfurt a. M., 1959, S. 586.
3 Ibid., S. 86.
4 Ibid., S. 15.
5 Intrapreneurship, siehe: https://de.wikipedia.org/wiki/Intrapreneurship
6 Cody, Brian: *Form follows Energy, Using natural forces to maximize performance, Birkhäuser*, Basel 2017, S. 7.
7 Löw, Martina: *Raumsoziologie*, 10. Auflage, Suhrkamp, Frankfurt a. M. 2019, S. 33. Für grundlegende Betrachtungen des Raums aus architektonisch-soziologischer Sicht über die Jahrhunderte siehe auch: Dünne, Jörg; Günzel, Stephan (Hrsg.): *Raumtheorie, Grundlagentexte aus Philosophie und Kulturwissenschaften*, Suhrkamp, Frankfurt a. M. 2006; Schroer, Markus: *Räume, Orte, Grenzen. Auf dem Weg zu einer Soziologie des Raums*, Suhrkamp, Frankfurt a. M. 2006.
8 Ibid., S. 34.
9 Ibid., S. 86.
10 Ibid., S. 167.
11 Siehe dazu der gleichnamige Titel eines Buchs von Jürgen Habermas, *Die Einbeziehung des Anderen: Studien zur politischen Theorie*, Suhrkamp, Frankfurt a. M. 1996. Habermas verteidigt darin „den vernünftigen Gehalt einer Moral der gleichen Achtung für jeden und der allgemeinen solidarischen Verantwortung des einen für den anderen." S. 7.
12 Habermas, Jürgen: *Strukturwandel der Öffentlichkeit*, Suhrkamp, Frankfurt a. M., 1962, 18. Auflage 2023, S. 267.
13 Habermas, Jürgen: *Theorie des kommunikativen Handelns, Band II. Zur Kritik der funktionalistischen Vernunft*, Suhrkamp, Frankfurt a. M. 1981, S. 164.
14 Steets, Silke: *Der sinnhafte Aufbau der gebauten Welt. eine Architektursoziologie*, Suhrkamp, Berlin 2015.
15 Ibid., S. 56.
16 „Subsinnwelten sind das Resultat funktionaler Differenzierung in modernen Gesellschaften. … stellt jede Subsinnwelt einen Sektor *innerhalb* der Wirklichkeit der Alltagswelt dar … Eine Subsinnwelt besteht aus je spezifischen Institutionen, Rollen und Wissensformen." Ibid., S. 149–150.
17 Ibid., S. 139.
18 Ibid., S. 159.
19 Ibid., S. 161.
20 Ibid., S. 162–163.
21 Siebel, Walter: *Die Kultur der Stadt*, Edition Suhrkamp, Berlin 2015: „Im Zuge der Urbanisierung wird die Stadtmaschine immer leistungsfähiger mit dem Effekt, daß der Städter immer umfassender den Anforderungen beruflicher Arbeit unterworfen wird." S. 31.
22 Musil, Robert: *Der Mann ohne Eigenschaften*, Bd. I, Rowohlt, Hamburg 1978, S. 47.
23 Sloterdijk, Peter: *Du mußt Dein Leben ändern*, Suhrkamp, Frankfurt a. M. 2009, S. 13 und 23.
24 Bei Karl Marx beziehe ich mich auf die entfremdete Arbeit (*Das Kapital*, BD. 1. Kapitel 21) und bei Max Weber auf die „stahlharten puritanischen Kaufleute jenes heroischen Zeitalter des Kapitalismus" (*Die protestantische Ethik und der Geist des Kapitalismus*, J.C.B. Mohr (Paul Siebeck), Tübingen 1988, S. 105).
25 Angélil, Marc: *Inchoate: An Experiment in Architectural Education*, ETH Zürich 2003, S. 552.
26 Rice, Peter: *An Engineer Imagines*, Artemis, London 1994, S. 80.
27 Berman, Marshall: *All That Is Solid Melts Into Air*, Verso, New York 1982.
28 Ibid., S. 337.
29 Bauman, Zygmunt: *Flüchtige Moderne*, Suhrkamp, Berlin 2003, S. 8–9
30 Lampugnani, Vittorio Magnago: *Gegen Wegwerfarchitektur*, Wagenbach, Berlin 2023, S. 5.
31 Sobek, Werner: *non nobis – über das Bauen in der Zukunft, Band 1: Ausgehen muss man von dem, was ist*, Avedition, Stuttgart 2022, S. 194–195,
32 Darwin, Charles: *On the Origin of Species*, Penguin Classics, London 2009, S. 64 und 79.
33 Eggers, Dave: *Der Circle*, Kiepenheuer & Witsch, Köln 2014, S. 14.
34 Siehe Bergmann, Frithjof: *New Work New Culture. Work we want and a culture that strengthens us*, Zero Books, Winchester 2019.
35 Ibid., S. 94.
36 Siehe u. a. Nida-Rümelin, Julian: *Digitaler Humanismus: Eine Ethik für das Zeitalter der Künstlichen Intelligenz*, Piper, München 2018; Lobo, Sascha: *Die große Vertrauenskrise: Ein Bewältigungskompass*, Kiepenheuer & Witsch, Köln 2023.
37 Siehe AI Act: https://ai-act-law.eu/de/ (abgerufen am 05. 11. 2025).
38 Siehe: https://www.bundesregierung.de/breg-de/aktuelles/ai-act-2285944
39 Habermas, Jürgen: *Erkenntnis und Interesse*, 18. Auflage, Suhrkamp, Frankfurt a. M. 2022, S. 11.
40 Ibid., S. 66.
41 Ibid., S. 70.
42 Wittgenstein, Ludwig: *Tractatus logico-philosophicus*, Edition Suhrkamp, Frankfurt a. M. 1963, S. 11.
43 Avanessian, Armen: *Flüchtigkeitsmanagement, Medientechnologie zwischen Wirtschaft, Kultur, Politik*, Merve, Leipzig 2023, S. 48.
44 Ibid., S. 53.
45 Ibid., S. 114.

Fazit

Das in dieser Publikation vorgestellte Konzept von BKW Engineering (BEN) und die sich daraus entwickelten Anregungen und Gedankenimpulse zu einer Neuinterpretation des Projekts einer „*Total Architecture*“ von Walter Gropius findet nun seine inhaltliche und thematische Conclusio. Dazu bedarf es der Erinnerung an die rhetorischen Fragen, die bereits im Vorwort zur Sprache kommen. Sie lassen sich auf eine zentrale Frage verdichten: Welche Form von Bauwesen erfordert die heutige Bauwende von uns?

Den von vielfacher Seite an uns Bauschaffende herangetragenen Appell eines *anders Planens*, *anders Bauens* gilt es, jetzt über die lange Strecke von Gestalten und Planen, Beraten und Steuern bis hin zur Umsetzung und Realisierung gebaute Wirklichkeit werden zu lassen. Kurzum, ein dezidiert-kollaborierendes Handeln mit gemeinsamer Vision statt alleiniger Organisation fragmentierter Leistungen ist angesagt. Dafür muss in geballter Form ein entsprechend durchsetzungsfähiges Potenzial an Menschen, Ideen, Materialien, Maschinen und Bauaufgaben zur Verfügung stehen. Der Einzelkämpfer bleibt bei solch einem Pensum schnell auf der Strecke, denn die Lösungen der Zukunft entstehen aus der Verbindung von Kompetenzen und nicht aus einem Einzeldenken. Daher ist eine gemeinschaftlich konzertierte Aktion von vielen gefragt, um die multiplen Herausforderungen in den Griff zu bekommen.

> „***Architektur neu denken*** *bedeutet in Zukunft anders planen und bauen. Für mich ist die Form der Zusammenarbeit ein Teil der Nachhaltigkeitsstrategie. Nicht allein Gebäude oder Infrastruktur zählen, sondern auch der Weg dahin ist das Ziel und ein Teil der Lösung.*“
>
> **Dr. Stefan Nixdorf**

Genauso wie wir an einen Punkt kommen müssen, wo Bauen keinen Abfall mehr kennt und produziert, so gilt es gleichermaßen, unsere Kreativprozesse fortwährend weiterzuentwickeln. Stillstand – nicht zu verwechseln mit Reflexion – können wir uns nicht mehr erlauben. So ist auch die Planung eines Gebäudes z. B. nicht damit beendet, dass irgendeine Leistungsphase abgeschlossen und abgerechnet ist. Höchstens beginnt mit dem Abschluss einer Phase eine neue, weitere, fortführende Interpretation und Nutzung des Gebäudes, denn die in jedem Bauwerk gespeicherten Energien ruhen bestenfalls nur für bestimmte Zeit. So sollten wir Fortschritt interpretieren und praktizieren, nämlich als beständige Fortentwicklung.

„*Vitruv hatte Recht*“, BBBank Wildpark, Karlsruhe, Assmann mit Dr. Stefan Nixdorf (Arch.) und Schlaich Bergermann & Partner, Stuttgart, © Stefan Nixdorf

Auch die Fragen „*Wie Planen wir heute?*" oder „*Wie Bauen wir heute?*" sind über die Dimensionen eines rein Technischen und Ästhetischen eindeutig hinausgewachsen. In der Vergangenheit waren die Baumeister, Architekten und Ingenieure noch regelrecht existenziell mit der Schwere und Sprödigkeit der Materialität, den mannigfaltigen Herausforderungen der Konstruktion, den Wünschen und Auflagen der Bauherren usw. unmittelbar verbunden. Spätestens mit der Globalisierung, der Digitalisierung und der Krisenhaftigkeit unseres gegenwärtigen irdischen Daseins hat sich ein massiver Paradigmenwechsel vollzogen.

Zu der gut dokumentierten historischen Eindimensionalität des Bauens haben sich eine Vielzahl unterschiedlicher Aufgabenfelder, Spezialisten und Stakeholder hinzugesellt. Aus dieser teilweise schwer zu überschauenden Gemengelage ist eine moralisch-komplexe gesellschaftliche Aufgabe mit voller Verantwortung für unseren Planeten und die Menschheit erwachsen. Zu dieser Aufgabenstellung gibt es aus planerischer Sicht – hier arg verkürzt – zwei gegenpolige Antworten, zwei Seiten der Medaille Architektur oder gebaute Umwelt.

Die rein formal-ästhetischen Positionen einer Architektur haben sich seit der Jahrtausendwende vielfach auf die mit den Sinnen nicht mehr eindeutig zu umschreibenden Phänomene der Blob & Blur Buildings zurückgezogen, statt dem gesamten Vitruvianischen Dreieck aus Firmitas, Utilitas und Venustas Rechnung zu tragen. Avantgarde Architektur dieser Couleur schäumt buchstäblich über die fest gebaute, die klar dimensionierte oder eindeutig nutzbare Form hinaus. Kunst, Spektakel oder gar Sensationen sind eher die Assoziation eines mit den Sinnen nicht mehr eindeutig zu fassenden Raums und Formen einer neuen *Nicht-mehr-Architektur*. Technisch-konstruktive Funktionalität, Erkennbarkeit und Nachvollziehbarkeit war einmal?

Im Terrain Vague von entgrenzter und aufgehobener Materialität und KI-basierter Halluzinationen entschwindet und verflüchtigt sich das Berufsverständnis von Architekten und Ingenieuren in einem Nirwana aus Stimmungsschwankungen. Stellvertretend seien hier nur Olafur Eliassons Installation in der Turbinenhalle der Londoner Tate Modern „*The Weather Project*" (2003) oder Diller Scofidio + Renfro „*Blur Building*" auf dem Neuenburger See während der schweizerischen Landesausstellung der Expo 02 (2002) genannt.

Das bedeutet nicht, dass KI als selbstlernendes Assistenzsystem keine Existenzberechtigung hat, ganz im Gegenteil. Aber ein verantwortungsvoller Umgang ist unerlässlich und damit einhergehend eine Achtsamkeit für die Zugänglichkeit aller Informationen, damit jeder Planungspartner seine Leistung optimal erbringen kann. Neben der Information als Währung der Zukunft ist es heutzutage stärker als je zuvor die Währung Zeit maßgeblich, die über unsere Zukunft entscheidet.

Gemessen an diesen Parametern ist – so glauben wir – eine Architektur und Infrastruktur wesentlich, die sich bewusst der Myriade von Aufgaben und Anforderungen nicht entzieht, sondern vielmehr sich ihr plakativ stellt. Hier spielt der entwerfende Architekt zwar weiterhin eine wichtige Rolle, aber eben nicht mehr die des vermeintlichen „*Star-Architekten*". Der Architekt ist und bleibt ein freier Berufstand. Es bedeutet jetzt aber noch stärker, ein interagierender Akteur zu sein, nicht mehr allein und singulär, sondern im Verbund mit vielen und anderen. Die Ansprüche an denjenigen, der den ersten Strich zieht, mutiert immer mehr zu einer allgemein gesellschaftlichen Aufgabe, die optimalerweise auf vielen Schultern lastet, verteilt wird und sich damit selbst entlastet.

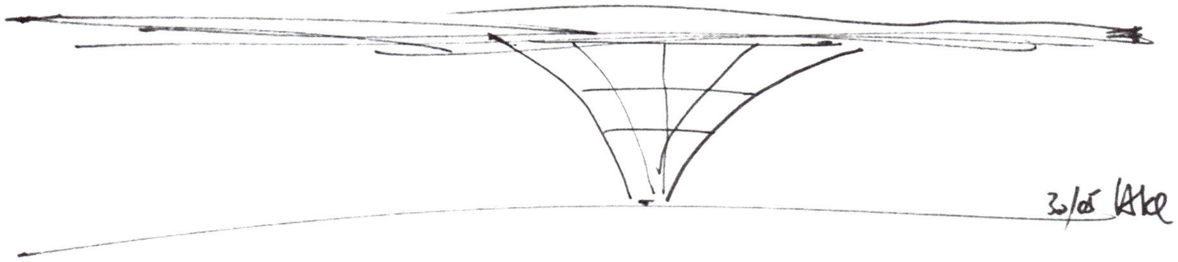

„*Wenn Konstruktion, Funktion und Schönheit im ersten Strich zu erkennen sind*", ZOB-Wiesdorf, Leverkusen, OSD GmbH

Vielleicht nähern wir uns bei solchen Betrachtungen unmerklich der mittelalterlichen Auffassung der Bauhütte wieder an. Denn „*den*" einen Architekten, der eine Kathedrale plante und baute, konnte man bis heute nicht ausmachen. Stattdessen gab es im Mittelalter tonangebende „*Familien*", wie z. B. die der Parler, die aufgrund ihrer dynastischen Verzweigungen ihre Fähigkeiten in ganz Zentraleuropa einbrachten. Zwar kultivierten sie einen Stil, aber durch ihre Interaktion mit u. a. Künstlern und Handwerkern aller Art sowie der Geistlichkeit entstanden höchst individuelle, ja vielsagende Bauten, die auch heute noch immer zu uns sprechen und ihre vielseitigen Geschichten erzählen.

Deswegen befinden wir uns heute (2025) erneut in einer Phase, die man als *Renaissance der Baumeister* bezeichnen könnte. Wir bauen zwar keine himmelsstürmenden Kathedralen mehr, aber in Anbetracht der Komplexität vieler gegenwärtiger Bauprojekte stellt sich die Frage eines anderen Planens, anderen Bauens mit erneuter Dringlichkeit. Als eine Antwort darauf kann das in dieser Publikation vorgestellte *Networking Design* als Netzwerk unabhängiger Planungs- und Beratungsgesellschaften betrachtet werden. Denn in diesem Verbund kommen die individuellen Stärken verantwortlich agierender Architekten und Ingenieure zu einer neuen Form der interdisziplinären, cross-innovativen und ganzheitlichen Integralplanung zusammen.

Philip Ursprung, Professor für Kunst- und Architekturgeschichte an der ETH Zürich, benennt in seinem aktuellen Buch *Architektur der Gegenwart: 1970 bis heute* eindeutig die permanenten Herausforderungen auf dem weitgesteckten architektonischen Feld. Sie sind heute mehrdimensionaler als je zuvor, nicht minder, weil sie stets unmittelbar mit Infrastruktur und Umwelt zusammen angegangen werden müssen. Er prägt für seine architektonische Erzählung den mentalen Ansatz einer „*performativen Geschichtsschreibung*“ [(1)], um mit Entwicklungen jeglicher Art in unserer spätmodernen Welt Schritt zu halten. Fern jeder Beliebigkeit charakterisiert er damit seine Haltung in einer Welt der stetigen Veränderungen:

„*Das Neue ist eine fortwährende Herausforderung, den eigenen Standpunkt zu überdenken und zu revidieren. ... Mein Standpunkt ist eklektisch, nicht systematisch, und er ist nur einer von vielen möglichen Standpunkten.*“ [(2)]

Wir sind davon überzeugt: Die Lösungen der Zukunft entstehen nicht aus einem Einzeldenken, sondern aus einer gemeinsamen Vision, lebenswerte Lebensräume schaffen zu wollen. Auf diesem Wege bewahren und fördern wir die Eigenverantwortung unserer Partner im Netzwerk, aus der exzellente Lösungen für Mensch, Umwelt und Gesellschaft hervorgehen.

Nichts unterliegt heute in Zeiten der permanenten Wandlung mehr einem einzigen kategorischen Imperativ oder gilt für die Ewigkeit. Ein *anders Planen und anders Bauen* hat eben viele natürliche Gesichter, Geschichten, Seiten, Aspekte wie auch Inhalte, Umgangsformen, Funktionen, Farben und Formen. Ein Netzwerk ebnet den Weg zu einer Vielfalt herausragender Architektur- und Ingenieurleistungen. Die hierzu erforderliche Impulskraft zu erkennen, zu fördern, zu pflegen und zu bewahren als inhaltliche Eigenverantwortung beteiligter Partner ist der Schlüssel zum Erfolg. *one BKW* ist eine Antwort darauf.

Dr. Stefan Nixdorf
BKW Engineering AG

Berlin / Bern, Nov 2025

1 Ursprung, Philip: Architektur der Gegenwart: 1970 bis heute, C.H. Beck, München 2025, S. 14.
2 Ibid., S. 14.

Exzellent ist für uns eine Lösung dann, wenn sie für Mensch, Umwelt und Gesellschaft Fortschritt bedeutet, den Anforderungen der Auftraggebenden in Ort & Aufgabe entspricht und zugleich den Wandel zu einer **dauerhaft lebenswerten Welt** vorantreibt.

„Integralplanung ist wie Segeln“, Seemannschaft auf der deutschen Meisterschaft IDJM Teeny 2025, Dümmer, © BKW Engineering

BKW
GER
Thomas Otte

Unsere Reise begann mit der Kraft der Natur und schließt den Kreislauf der Energie mit der Vision eines *Network of Excellence.*

Abkürzungsverzeichnis

BEN – BKW Engineering AG
BIM – Building Information Modelling
BP – British Petroleum
DGNB – Deutsche Gesellschaft für Nachhaltiges Bauen
DNP – Deutscher Nachhaltigkeitspreis
EBIT – Betriebsergebnis
ESG – Environment (Umwelt), Social (Soziales), Governance (Unternehmensführung)
EU – Europäische Union
IZKT – Internationales Zentrum für Kultur- und Technikforschung
KI – Künstliche Intelligenz
KMUs – Kleine und mittlere Unternehmen
KPIs – Key Performance Indicators
M&A-Prozess – Mergers and Acquisitions Prozess
NNBS – Netzwerk Nachhaltiges Bauen Schweiz
PFID – Plattform für Innovationen in Deutschland
P&L-Verantwortung – Profit-and-Loss-Verantwortung
PTFE-Kissendach – Dachkonstruktion aus Luftkissen-Elementen mit einer Membran aus Polytetrafluorethylen (PTFE), einem hochbeständigen Kunststoff
RC-Beton – Recyclingbeton
SNBS – Standard Nachhaltiges Bauen Schweiz
SPI – Swiss Performance Index
UNESCO – United Nations Educational, Scientific and Cultural Organization

Wasserkraftwerk, Mühleberg, BKW AG / © Peter Neusser

Autor

Dr.-Ing. Stefan Nixdorf ist Architekt und Member of Executive Board von BKW Engineering.

Er verantwortet als geschäftsführender Direktor in der gesamten DACH-Region die Business Unit Architecture & Design und ist somit erster Ansprechpartner für (aktuell) über 400 Architekten im Netzwerk. In der Funktion des Chief Communication Officer (CCO) sorgt er mit seinem Team dafür, dass die Marke BEN im Markt stärker erlebt und im Unternehmen intensiver gelebt wird. Es gehört zu seinen Aufgabe, Strategien zur internen und externen Kommunikation zu entwickeln sowie den Shared Service Digital Transformation als Support im Netzwerk aufzubauen und zu etablieren.

Martin Fecke, CEO und Konzernleitungsmitglied der BKW AG, hat 2024 die Entscheidung getroffen, das Buch *Wie wir denken* voranzutreiben, damit die Netzwerkpartner des *Network of Excellence* in einer gemeinsamen Vision geeint sind, denn Zukunft beginnt mit gemeinsamer Orientierung – „*Was wir denken, werden wir*" (Buddha).

Anlässlich des zehnjährigen Bestehens von BKW Engineering schlägt er nun das zweite Kapitel *BEN Masterplan 2030* auf, nachdem die strukturellen Voraussetzungen zum Wachstum zuvor geschaffen worden sind.

Stefan Nixdorf studierte bis 1996 an der RWTH Aachen Architektur und kehrte 1999 als Wissenschaftlicher Assistent an den Lehrstuhl Stadtbereichsplanung und Werklehre zurück. 2006 promovierte im Bereich Stadionbau zum Thema Sichtlinien & Sicherheit und veröffentlichte im darauffolgenden Jahr den StadiumATLAS. Seitdem hat er zahlreiche Gutachten verfasst und ist heute offizielles Member of Consulting & Management Panel der UEFA.

Von 2007 bis 2024 hat Stefan Nixdorf in der Zusammenarbeit von Architekten und Ingenieuren in einer renommierten Generalplanungsgesellschaft wertvolle Erfahrungen gemacht, die das Zusammenspiel der Akteure im Projektgeschäft betrifft und er hat die andauernden Veränderungen der Baubranche aktiv miterlebt. Die Transformation der Bauwirtschaft ist ein essenzieller Baustein im erforderlichen Wandel und Anpassung an die Herausforderungen von Morgen. Das *Network of Excellence* ist eine Antwort – sie wird in dieser Key Speech beschrieben.

Impressum

Herausgeber:
BKW Engineering AG
Viktoriaplatz 2
3013 Bern
Schweiz

Konzeption und Text:
Dr. Stefan Nixdorf,
Martin Fecke (Vorwort)

Gestaltung:
BOROS GmbH,
Ingo Maak, Marie Janda

Lektorat:
Christian Brensing, Hergen Hillen

Produktion:
DISTANZ Verlag

ISBN 978-3-95476-846-2

Gedruckt in Deutschland

Erschienen im DISTANZ Verlag
www.distanz.de

Zugunsten einer besseren Lesbarkeit wurde in diesem Buch nicht durchgehend eine gendergerechte Schreibweise verwendet. Die Personenbezeichnungen gelten jedoch gleichermaßen für alle Geschlechter. Wo möglich, inkludieren die Texte durch die abwechselnde Nennung weiblicher, männlicher und neutraler Begriffe ausdrücklich alle Menschen – unabhängig von Geschlecht, Herkunft, Alter oder persönlicher Identität.

Vielfalt ist für BKW Engineering mehr als ein Wort. Sie ist Teil unserer Haltung, Grundlage unserer Zusammenarbeit und Antrieb für die Entwicklung zukunftsfähiger Ideen.

„Was wir denken, werden wir.“

Buddha